ESG綠色數位轉型
AIoT永續與雙軸轉型應用

推薦序

ESG 綠色數位轉型──AIoT 永續與雙軸轉型應用

在 Volatility（易變性）、Uncertainty（不確定性）、Complexity（複雜性）、Ambiguity（模糊性）（VUCA）的世界中，企業面臨著無數挑戰，其中環境、社會與治理（ESG）的要求愈發嚴格，尤其是在全球氣候變遷和社會責任的壓力下。

《ESG 綠色數位轉型──AIoT 永續與雙軸轉型應用》一書，在李奇翰、裴有恆、林玲如等作者善用在 AI 和 AIoT 領域經驗以及對永續經營的研究，提供一個結合先進技術與永續發展策略的全新視角，引領企業在數位化浪潮中實現環境、社會與治理目標的最佳化。

本書透過廣泛分析與實際案例，展示如何利用先進的人工智慧與物聯網（AIoT）技術，幫助企業實現永續發展目標。不僅是理論的闡述，更提供實踐指南，幫助企業在 ESG 的各項指標上取得實質進展。

本書也以 ESG（環境保護（E）、社會責任（S）和公司治理（G））為主軸分為三個章節剖析三大層面的議題和挑戰，並嘗試用數位和綠色雙軸轉型的思維介紹可行之道。

在「ESG 與永續作法概述」，探討推動 ESG 的原因是全球暖化問題日益嚴重，聯合國為減緩暖化現象，陸續頒布《京都議定書》、《巴黎協定》和《格拉斯哥氣候公約》，呼籲各國減少溫室氣體排放。台灣企業除順應全球趨勢外，推動 ESG 也能展現企業形象、降低營運風險、吸引投資、符合法規要求、吸引優秀人才以及開拓新市場和機會等。藉此，本書為協助企業推動 ESG 及因應數位轉型，提出企業可以採用「永續與雙軸轉型」策略，結合數位轉

型和永續發展，收集環境和社會相關數據，並利用數位科技提高 ESG 報告的可信度。

環境與地球「生存攸關」。

書中用高階視角探討聯合國永續發展目標（SDGs）和 ESG 三大面向，對應聯合國 17 個永續發展目標。書中探討的環境議題包含碳排放、循環經濟、能源管理、環境汙染及生物多樣性等。倡議企業應用組織碳盤查、產品碳足跡計算，並參考 ISO 14001 等環境管理標準，執行減碳專案、發展循環經濟模式並減少環境汙染。數位轉型能有效強化環境保護，例如利用 AIoT 監測汙染、優化資源使用並促進綠能發展。

社會責任是企業永續發展的「關鍵」。

企業積極履行社會責任，能提升品牌形象和市場競爭力，促進社會福祉。在「社會」章節探討社會責任的作用與效益、企業在履行社會責任時面臨的挑戰、提升社會責任的策略、如何建立共創價值夥伴關係，以及數位轉型如何催化社會影響。企業履行社會責任有助於增強企業聲譽、促進經濟成長、提升員工滿意度和吸引人才。企業在保護勞工權益、產品安全、個人資料保護和隱私權等方面可能遇到挑戰。也探討提升社會責任的策略，包含萌芽倡議中的「共創價值夥伴關係」和「數位轉型催化社會影響」。成功的關鍵在於開放、透明的溝通和對共同目標的承諾，參與者應建立信任關係、長期投入資源和努力。

本章節列舉九個成功關鍵步驟，包含明確共同目標、互補能力、開放溝通、信任與尊重、共享價值觀、靈活適應、共同創新、衡量成效、持續改進。數位轉型為企業實踐社會責任提供新的途徑。企業可以利用數位技術提高透明度、促進利益相關者的參與、促進創新、優化資源配置、提高效率和改善決策制定。

公司治理是企業永續發展的「基石」。

良好的公司治理有助於提升企業價值，並與永續發展目標相輔相成。公司治理是企業永續經營的基礎，應重視股東權益、董事會職能和資訊透明度，並

與國際規範接軌。金管會為提升台灣公司治理水平,推動企業永續發展,制定「公司治理 3.0 永續發展藍圖」,引導企業加強董事會職能、提高透明度、促進利益相關者溝通以及培育可持續發展文化。實踐上,可參考 ISO 管理系統高階結構,並採用 PDCA 模式,建立持續循環的治理歷程。評估企業的公司治理水準,可參考台灣證券交易所設置的「公司治理評鑑系統」,該系統涵蓋維護股東權益、強化董事會結構與運作、提升資訊透明度及落實企業社會責任等面向。

除公司治理外,「數位治理」也是數位時代企業永續經營的關鍵。數位治理包含資訊治理、人工智慧治理。二者相輔相成,資訊治理涉及資訊安全、合規以降低資安風險。資訊安全管理系統的實踐應優先關注機密性、完整性和可用性等風險議題。

有鑑於人工智慧治理日益重要,國際組織和國家紛紛制定相關原則和規範。本書蒐羅聯合國、歐盟、OECD、美國國家標準暨技術研究院(NIST)、ISO 等國際組織制定的 AI 治理原則,強調 AI 應用的倫理性、透明度和公平性,引導 AI 的負責任使用。其中歐盟提出的人工智慧法案,是全球首發的人工智慧法律框架,旨在規範 AI 系統,確保其安全、透明和符合道德標準。而 ISO 42001:2023 更是全球首個 AI 管理系統標準,定義組織在建立、實施、維護和持續改進 AI 管理系統方面的要求,以確保負責任的 AI 系統的開發和使用。

永續金融將 ESG 原則融入金融決策。

本書廣泛收集介紹國際間積極制定政策和標準推動永續金融發展,例如聯合國永續證券交易倡議、氣候相關財務資訊揭露工作小組、國際永續發展標準委員會等。也包含台灣也積極響應國際趨勢,推出「綠色金融行動方案」等政策,引導金融業將 ESG 納入投融資決策,並鼓勵企業進行碳盤查、氣候風險管理和資訊揭露。責任投融資則是在金融活動中納入永續思維,包含責任投資、影響力投資、責任授信和責任保險等。責任投資將 ESG 因素納入投資決策,追求長期財務回報和正面的社會環境影響。

為評估企業的永續發展表現，國際上已發展出多種 ESG 評分方法，例如 S&P Global CSA、CDP、MSCI ESG Ratings 等。企業應積極應對永續金融評估，並採取措施提升 ESG 表現，以增強市場競爭力和吸引投資。

因應台灣金管會規定上市櫃公司應於 2024 年起揭露氣候相關資訊，並於 2025 年編製永續報告書，本書特別介紹三種重要的國際標準 GRI、SASB 和 TCFD。

永續與數位雙軸轉型，是當前產業的重要趨勢。

雙軸轉型旨在整合永續發展目標和數位科技應用，以提升產業競爭力，同時兼顧環境保護和社會責任。本書針對工業、農業、零售、運輸與通信服務等產業在當下及未來的雙軸轉型，蒐集並介紹數個結合數位技術（感測器、物聯網、AI、區塊鏈等技術）的經典應用案例，值得讀者細細研究並實踐於產業中。附錄中更有精彩的個案介紹和針對 CBAM 的解讀，是值得一讀的加值彩蛋。

黃國寶

台灣人工智慧協會常務理事
TUV NORD 台灣分公司 永續長
英商勞氏驗船集團 台灣分公司 法人代表、總經理
台灣產業競爭力協會 常務理事 永續長
品質經理人協會 理事

推薦序

在當今快速變遷的世界中,我們面臨著前所未有的環境和社會挑戰。本書以其獨特的視角和深度分析,揭示了人類活動對地球的深遠影響,並提出了具體可行的解決方案。

作為一位專業從事可持續發展和 ESG(環境、社會及公司治理)研究的務實者,我深感這本書對於企業、政策制定者及廣大讀者的重要價值。在此,我誠摯地推薦這本書,並希望讀者能從中獲得啟發,共同推動全球可持續發展。

本書的十大特色:

1. 書中強調了生物多樣性保護的重要性。第 1 章 ESG 與永續方法概述:詳細討論了全球生物多樣性喪失的嚴峻形勢,並提出了諸如自然正值路徑和自然資本議定書等解決方案。這些內容不僅增進了我們對生態保護的理解,也為企業和個人提供了具體的行動指南。

2. 本書深入介紹了全球溫度變化及其影響。第 0 章前言:詳細描述了自二次工業革命以來人類活動對地球氣候的影響,並介紹了聯合國提出的 2030 永續發展目標。這一章節讓我們認識到氣候變遷的嚴峻性,並激勵我們採取行動以緩解其影響。

3. 書中還包含了豐富的案例研究。第 9 章農業:透過多個國家和企業的實際案例,如日本的千葉環保能源株式會社的農電共生作法,展示了不同地區在推動可持續發展方面的努力和成就。這些案例為我們提供了寶貴的經驗和啟示,幫助我們在實踐中找到適合自己的可持續發展之路。

4. 能源管理和智慧養殖也是本書的重要特色之一。第 9 章農業:討論了智慧養殖系統的應用,並展示了其在節省成本和提高效率方面的成果。這一章節強調了科技在可持續發展中的關鍵作用,並為我們提供了具體的技術路徑。

5. 第 1 章 ESG 與永續方法概述：對可持續發展目標（SDGs）進行了詳細的解釋。書中介紹了聯合國 17 個可持續發展目標及其對應的具體措施和指標，這些內容不僅使我們更好地理解了 SDGs 的內涵，也激勵我們在日常生活和工作中實踐這些目標。

6. 企業可持續發展實踐是本書的另一大亮點。第二章社會：探討了如蘋果、麥當勞、台積電等知名企業在 ESG 領域的最佳實踐和創新。這些企業的經驗展示了如何透過創新和良好的治理實現經濟、社會與環境的共贏，為其他企業提供了寶貴的參考。

7. 數位永續轉型的應用也是本書的重要內容之一。第 10 章零售業：描述了如 7-Eleven 和 momo 購物網在數位永續轉型中的具體應用和成功案例。這些案例展示了數位技術在推動可持續發展中的巨大潛力。

8. 去中心化金融（DeFi）和 ESG 技術的討論則為本書增添了前瞻性。第 7 章金融業：探討了區塊鏈技術在去中心化金融中的應用，以及無紙化電子發票等 ESG 技術。這一章節展示了科技如何改變我們的金融和治理模式，推動社會的可持續發展。

9. 第 8 章「工業」解釋了企業如何透過綠色轉型來減少環境負面影響，實現經濟、社會與環境的可持續發展。這一章節強調了綠色轉型的重要性，並提供了具體的實踐路徑。

10. 書中詳細說明了企業永續發展報告的編制方法。第 5 章介紹了企業如何根據 GRI 和 TCFD 標準編制永續發展報告，並提供了具體的步驟和要求。這一章節為企業提供了清晰的指引，幫助他們提高透明度，增強投資者和利益相關者的信任。

總之，本書以其深入淺出的講解和豐富的實例，為我們展現了可持續發展的全貌。它不僅是一部學術著作，更是一部實踐指南，為企業、政策制定者及廣大讀者提供了寶貴的參考。我相信，這本書將成為推動全球可持續發展的重要資源，並期待它在讀者中引發廣泛的共鳴和行動。

陳讚木

ESG 永續發展協會 執行長

推薦序

近年因氣候異常而產生的高溫、暴雨、野火等重大災害持續不斷地登上國際新聞版面，除了造成巨大的損失外也引發世人的重點關注，因此有關「環境」的議題也成為國研院調查下國人最關切的議題。

但關切歸關切，實際上又有多少人對目前環境所面臨的問題與威脅、政府的法令規章要求、政策支持以及民間企業、學術團體的努力作為，有清晰而明確的瞭解呢？

尤其在現今忙碌且快速變化的社會環境及爆炸的資訊量下，更不是一件容易的事！

本書中，作者們透過自身的近身觀察以及各種學術辯證的積累，將整個世界 ESG 風潮的發展脈絡、內容，以及各國因應方式等都梳理的非常清楚且完整，可以快速有效地幫助讀者對這項席捲世界的風潮有一個完整而清晰的認識與了解。

除此之外，作者們也結合歐盟與日本等先進國家的發展經驗，提出運用人工智慧（AI）結合永續發展的雙軸轉型，來幫助人類社會達成平衡、永續的發展目標。並運用各自的專長與經驗，闡明雙軸轉型在台灣醫療健康業、金融業、工業、農業、零售業、餐飲旅宿業、運輸及通信服務業等產業的實際運用案例，讓讀者們可以在實例中充分理解落實雙軸轉型的成效與影響力。

更令人驚喜的是，書中對於案例的解說都能以具體且深入淺出的文筆，具象呈現出一個個轉型的作為與成果。因此，讀者可以透過每一個實際案例的詳細說明，去思考、擬定自己組織的雙軸轉型策略與行動計劃，以便於因應未來日益嚴峻的 ESG 挑戰。

新的挑戰也意味著新的機會會應運而生！因此也讓更多致力於平衡發展目標的新創企業有更多與中、大型企業進行創新合作的契機，並借用新科技的工具與力量，來提升企業在資金獲取、降低減碳壓力、法規遵循、提升品牌形象及市場競爭力等各方面都能超越現在所設定的目標。

作者之一的裴有恆總經理，是我們好食好事基金會的長期志工，在這幾年，陪著我們一起關注台灣食農新創的發展，在關注食農領域的同時，也深化了他對環境變化的敏銳感知與認識。藉由本書的推出，期望讓更多的讀者對 ESG 相關議題有更清楚而深刻的理解與應用。

量變就有機會產生質變，故而樂為之推薦給大家！

陳茂嘉

好食好事基金會 執行長

作者序

這是最好的年代，也是最壞的年代，更是最挑戰的年代

整個地球在經歷過 COVID-19 之後，似乎迎來了新的轉機。旅遊業與餐飲業的大爆發，讓大家忘記當初因為疫情封鎖的時候，經濟是多麼的萎靡。

然而，在旅遊業與餐飲業生意興隆的同時，製造業也同時陷入了高庫存和地緣政治風險的困境。回想當初疫情剛開始的時候，百業蕭條，卻只有製造業因為 WFH（Work From Home）的關係，全世界紛紛搶購筆記型電腦和視訊攝像頭，反而賺得滿坑滿谷。才不過短短幾年，局勢卻整個翻轉。

前面說這個故事的原因在於，它預示了未來世界的變化將會更加劇烈。不管是黑天鵝事件，還是灰犀牛事件，都不再是少數情況，而將變成了一種常態。企業的抗風險能力和韌性將要比 20 年前提升十倍甚至百倍，才能在這樣競爭激烈的環境中生存。

為何寫這本書

如何提升企業的抗風險能力及企業韌性，說起來簡單，做起來可一點都不容易，某方面來說，這也是為什麼企業要開始了解綠色數位轉型及雙軸轉型的原因，以往企業老闆可以靠自己的直覺跟經驗來判斷做決策，是因為過往世界的變化沒有那麼快，因此可以依照自己以前的經驗來判斷，而事情未來的發展也不會差太多，不過當世界的變化太快的時候，也意味著你不能使用原本的方式做決策，因為事情的變化已經超出你的預期控制範圍，資訊也超出你的腦容量可以負擔的能力，因此你必須要將原本使用直覺做決定的方式，

改為依據所收集資料跟 AI 模型來協助你做判斷，我認為這也是過往喊了許久數位轉型的真正的涵義，而不再只是單純的數位化、數位優化而已。

綠色數位轉型的必要性

近幾年隨著全球氣候變遷和環保意識的提升，綠色轉型也已經成為企業發展的必然選擇。企業不僅需要在經濟上實現可持續發展，還需要在環境上負起責任。而數位技術的應用，更能夠有效地幫助企業降低碳足跡，提升能源效率，進而達到企業永續發展及環境保護的雙贏目的，企業透過大數據分析、人工智慧和物聯網等技術，可以更精確地掌握市場動態，預測未來趨勢，進而做出更為科學的決策。這不僅提高了企業的運營效率，也增強了企業的市場競爭力。

結語

本書由中華亞太智慧物聯發展協會幾位創辦人，共同撰寫完成。

我們撰寫這本書的目的，是希望能夠幫助更多的企業了解和掌握綠色數位轉型的核心理念和實踐方法，也藉由了解 ESG 及 AI 的相關規範及標準，進而理解未來全世界可能前進的方向。透過這本書，讀者可以學習如何在變幻莫測的市場中保持競爭力，如何應對未來可能出現的各種風險，以及如何真正實現企業永續發展。

在這個充滿挑戰和機遇的時代，只有那些具備高抗風險能力和韌性的企業才能夠在激烈的競爭中脫穎而出。希望這本書能夠為企業在進行雙軸綠色轉型時提供有益的參考和指導，助力企業在未來的發展道路上取得更大的成功。

李奇翰

中華亞太智慧物聯發展協會 理事長
智能演繹有限公司 創辦人
深思互動有限公司 創辦人
台灣人工智慧協會 理事

作者序

只要願意，因為有你有我有我們，
讓組織和世界在永續發展的旅程中，更有力量！

這是充滿挑戰的年代：自然生態風險因子驟增（例極端氣候／物種滅絕／傳染病）、科技發展疾速躍升、組織和個人之數位素養與競爭力不足、人力需求與供給斷層擴大、資源戰爭、地緣政治影響……等等，地球上的日常搖擺得很動盪。即使只聚焦在企業、組織機構法人的範疇，當著這樣充滿不確定性、既混沌又複雜的時局，我們正站在永續發展的十字路口，面臨著一個前所未有的機遇，是選擇忽略、漂綠漂社會責任漂治理、或選擇回到本質沉澱，去重新思考和塑造我們的未來。

然而值得注意的是，務實且長於應變的台灣，有為數眾多之企業／機構受制於既有印象（企業社會責任 CSR 推行及國際認證參差不齊，有太多組織將其定位在爭取公關效果或品牌名聲，過往即使表面交待而未落實原本精神，卻仍賺取到好處，形成 ESG 只需表面實施也能過關的錯覺），忽略了永續經營的精神與實誠治理玩真的必要性，也不清楚 ESG 不僅是企業承擔內外責任的象徵，更是推動商業創新與增長的關鍵動力。加上低估實施 ESG 之地基工程耗時耗力，導致許多企業仍在觀望或是表面實施未積極進行，若能具備正確知識或澄清相關錯覺，方向及投入的選擇將可能不同。

其實目前市面上有不少介紹 ESG 永續概念及實踐的好書，惟因著氣候變遷風險帶來的急迫感和國內外政策規範已推行之要求，篇幅多側重探討減碳等環境相關之內容。因此，中華亞太智慧物聯發展協會出版本書，希望以企業或組織永續健康長存的基礎認知切入，這同時是金融體系、投資者、員工、合作對象等重要利害關係人，愈來愈關注的理性期待與視角～什麼是如此動

態變化下需要在乎，有利組織活得好的核心與關鍵。包括隨著 AIoT 技術、永續金融與永續發展方法框架日益成熟，企業／機構有了讓實現 ESG 目標更有效更省力的工具。更可以探索如何透過結合這些技術／方法、轉型資源與 ESG 原則，來促進永續發展與綠色數位雙軸轉型。是對這個時代的回應，也是對未來的一份承諾。

希望透過這本書，各位藉由了解 ESG 的基礎概念、治理精神與框架、機會／風險管理、以及在產業的應用案例。能夠更好地從永續本質出發，應對當前和未來的永續性挑戰。

讓我們一起踏上這個旅程，探索 ESG 永續與綠色數位雙軸轉型的無限可能。

林玲如

國民年金監理會 監理委員
中華亞太智慧物聯發展協會 副理事長／ESG 資深顧問
臺灣金融科技協會 監事

作者序

2016 年，我推出第一本物聯網商機的書籍：《改變世界的力量、台灣物聯網大商機》；2017 年完成了第二本書：《物聯網無限商機──產業概論 x 實務應用》；2018 年，完成了《AIoT 人工智慧在物聯網的應用與商機》第一版。這是我的第三本書，它還出到了第三版。2019 年之後，我每年出一本 AIoT 的書籍，到 2023 年，我在碁峯出版了我的第八本書《AI+AIoT 概論：寫給大學生看的 AI 通識學習》，這是一本科普書籍，目的是推展 AI 概論與應用；而這次，我的第九本書出版了。

科技進化的太快，在 COVID-19 疫情在 2020～2022 三年的影響之後，生成式人工智慧跟 ESG 發展快速。針對 ESG 這段時間的發展，我跟中華亞太智慧物聯發展協會的現任理事長及副理事長討論後發現 AIoT 的發展可以大大協助 ESG，決定一起出一本能夠幫助大家了解 AIoT 如何協助 ESG 的書籍。

在最近幾年，歐盟發展了「工業 5.0」及「雙軸轉型」的架構，日本發展了「社會 5.0」的架構，這讓大家看到了國際上對 AI 如何協助 ESG 方面的重視。另外，歐盟碳關稅 CBAM 今年的開始運作，金管會、國發會、環境部等政府單位展開了多項政策與要求，讓很多企業受到重大影響。而這本書剛好可以協助企業了解 AIoT 不只可以數位轉型，也是場域減碳及協助永續的好方法。

本書的寫作是集合我們三個人的長處，我長年經營 AIoT 實務輔導，在 2017 年開始研究循環經濟，2021 年開始執行碳盤查、碳足跡、能源管理減碳作法，針對工業、農業跟零售業上有多年實務與教學經驗，加上之前在神達電腦擔任車聯網的產品經理，以及在台灣大哥大有兩年雲端主管的任職經驗，所以這方面的章節由我負責。林玲如副理事長由富邦金控高階經理人退休下來，長年專注於老人福祉與健康照護領域，因此在 ESG 中的「社會」、「治

理」層面有豐富經驗與知識，之前又負責過醫療健康結合保險相關業務，有很多實務及知識，所以負責對應章節。李奇翰理事長本身專注於人工智慧治理，又熟悉 AI 發展歷程，相關章節當仁不讓由他負責，而 ESG 報告書因為涵蓋範圍較大，所以由我們三人合力，李奇翰負責 GRI 及主架構，我負責 TCFD，林玲如負責 SASB。

歡迎各位讀者透過 Google 查詢「Rich 老師的創新天地」找到部落格、臉書粉絲或跟我的公司「昱創企管」官網（QR code 如下）跟我聯繫，也可以參加我在臉書討論這類知識的社團「i 聯網」。如果想了解 AI 跟 AIoT 的科普知識，可以閱讀《AI+AIoT 概論：寫給大學生看的 AI 通識學習》這本書；想了解 AIoT 如何完成數位轉型，也歡迎參考《白話 AIoT 數位轉型：一個掌握創新升級商機的故事》、《AIoT 數位轉型策略與實務——從市場定位、產品開發到執行，升級企業順應潮流》兩本書以做更深入的了解；而針對製造業，我跟獲得磐石獎的新呈工業董事長陳泳睿合出了《AIoT 數位轉型在中小製造企業的實踐》這本講述智慧工業各國標準，加上台灣中小製造業案例的書籍，其是為了中小製造企業對 AIoT 數位轉型有深入的概念。另外我的 YouTube 頻道「數智創新力」可以幫助大家對 AIoT 的綠色轉型及數位轉型建立基礎概念，歡迎大家去訪問。而在 2024 年每週一晚上，我更是跟好友「影音創客」賴麗雪一起主持《ESG 永續 e 起來》的直播，藉由一小時達人發表，讓大家有永續的相關知識。

裴有恆 Rich

昱創企管顧問有限公司總經理
中華亞太智慧物聯網發展協會創會理事長

臉書 i 聯網社團

昱創企管顧問有限公司

YouTube 數智創新力

目錄

PART 1：ESG 與永續作法概述

CHAPTER **1** 環境

PART 2：永續及雙軸轉型產業應用實例

APPENDIX **D**　法規與本書參考資料

前言

—— 李奇翰

自從人類掌握了火的力量以來，火成為了科技進步不可或缺的一部分。從最初使用火煮食物，到發明蒸汽機推動工業革命，再到依靠火力發電促進當代科技文明的蓬勃發展，火的使用貫穿了人類歷史的每一個重要階段。然而，在科技飛速發展的同時，我們似乎忽略了這一進程對地球帶來的影響。

根據維基百科的數據，自西元 1715 年以來，全球人口在不到 300 年的時間內增長了十倍以上，從約 3.75 到 7.5 億增至 2022 年 11 月 15 日預計的 80 億。而從 2012 年全球人口 70 億到 2022 年的 80 億僅用了 10 年的時間，即使考慮到先進國家目前所面臨的少子化問題，全球人口增長的速度仍顯著。

地球上迅速增長的人口意味著更多的資源被消耗以滿足人類的需求。然而，工業革命所奉行的大量生產、降低成本以增加利潤的模式，並未將其對環境的破壞計入成本。這種做法導致了嚴重的環境汙染和人類健康問題。

另外，人類在工業時代大量地使用火力發電產生電力，而在火力發電過程中釋放的二氧化碳和其他溫室氣體積聚在大氣中，加劇了全球暖化現象。這不僅導致極端氣候事件的增加，如熱浪、乾旱、強風暴等，也對自然生態系統產生了深遠影響，威脅了生物多樣性。

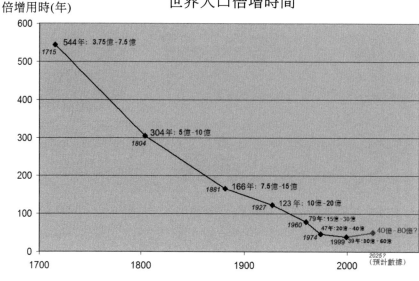

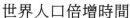

^ 圖 0.1　世界人口成長
圖源：維基百科 https://zh.wikipedia.org/zh-tw/%E4%B8%96%E7%95%
8C%E4%BA%BA%E5%8F%A3

近百年來世界人口的快速膨脹，代表了地球將要消耗更多的資源供給人類的使用，而工業革命的特色卻是大量產出，降低售價，以增加公司及股東收入為主，不會將地球這些所耗損的成本計入在自己公司的生產成本之中，因此造就了大量的環境汙染，以及間接而造成的健康問題。

這種以利益為優先的經濟活動也導致了 20 世紀中葉左右出現的公害問題，1952 年英國更發生了倫敦煙霧事件，導致超過十萬人以上受到呼吸道疾病影響，估計約有逾一萬兩千人死亡。

另外在 2013 年中國也發生了東北霧霾事件，大量煙塵因此直接排到空中，中國的哈爾濱市 PM2.5 的日度平均值一度達到每立方米 1000 微克，超出世界衛生組織安全標準 40 多倍，迄今為止，中國空汙問題依舊是現在進行式，甚至嚴重到已經影響了周遭國家的空氣品質。

還記得筆者小時住在台北市時，常被長輩告知以前馬路旁的水溝有多少魚蝦生長在其中，也印象深刻的記得念小學時期，操場上有大量滿天的紅蜻蜓飛舞在空中的畫面，而這些都已經成為回憶，不再發生。

其實地球在過去 200 萬年之間的暖化速度，大概需要 5000 年才能變暖 5 度。如果觀察近代氣溫的紀錄，可以知道過往在 16~18 世紀的時候，溫度比較低，但是在進入到 19 世紀後，氣溫便可以看到明顯的上升。

而自 19 世紀末開始的第二次工業革命之後，由於人類大量使用煤炭、石油等化石燃料來產生電能，因此燃燒時所產生的二氧化碳不斷的排放到大氣中。讓大氣吸收更多地球輻射，於是地球就越來越熱，加上工廠不斷排放出來的溫室氣體也是造成溫度越來越高的元兇之一，於是產生了溫室效應。

上述所稱的溫室氣體除了我們一般大眾熟知的二氧化碳之外，其實還包含甲烷（CH_4）、氧化亞氮（N_2O）、水氣（H_2O）、臭氧（O_3），以及其他氟化氣體（氟氯碳化物、氫氟碳化物、全氟碳化物等）等氣體。

溫室效應不但造成了全世界的極端氣候現象增強現象（聖嬰／反聖嬰）以及南極洲等地區冰川融化速度加快之外，還造成了海平面持續上升等問題，這些都跟溫室氣體效應所造成的全球暖化問題脫離不了關係。

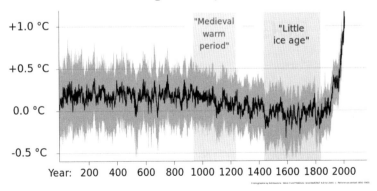

∧ 圖 0.2 全球溫度變化

圖源：維基百科 https://commons.wikimedia.org/wiki/File:2000%2B_year_global_temperature_including_Medieval_Warm_Period_and_Little_Ice_Age_-_Ed_Hawkins.svg

因此我們可以這樣說，二次工業革命後，人類在追求科技及經濟發展的同時，卻是以消耗大量地球資源及犧牲自己身體健康為代價，而這種殺雞取卵，短視近利的作法已經不是長久之計。

因此，聯合國在 2015 年 9 月 25 日依據大會決議，宣布了「2030 永續發展目標」（Sustainable evelopment Goals，SDGs），SDGs 共包含 17 項核心目標，其中涵蓋了 169 項細項目標、230 項指標。（核心目標說明見 Part1）

而自 2016 年開始，聯合國秘書長每年也都會提報年度永續發展目標進展報告書，最新的一份是 2024 年的報告書，有興趣的讀者可以下載看看，相信會對目前氣候變遷嚴重的程度以及影響，會有更清楚的認知。[1]

人類的生存終究與地球環境的變化，息息相關，我們無法獨立於地球之外生存，地球是我們人類在宇宙之中的家，想像一下，你會在自己的家中產生出不適合呼吸的空氣，或是汙染自己要喝的飲用水嗎？

所以我們在家中購置的空氣清淨機，及飲水過濾設備，其實正是為了償還我們過往只顧拼命發展經濟，卻罔顧地球環境的債，幸運的是，我們還有機會回頭，還有機會拯救地球，拯救這個在宇宙中美麗的藍色星球，也是全人類共同的家。

0.1 什麼是 ESG？

ESG 這一簡稱首次在 2004 年一份名為《在乎者最終成贏家（Who Cares Wins）》的報告中被使用，此報告是許多金融機構應聯合國邀請而聯合發起的倡議，內文提倡業界在若干投資決策中應納入 ESG 準則，認為此舉可對社會、金融市場以及個人投資組合產生正面影響。Who Cares Wins 原文的下載連結請見附錄 D。

---

[1] 資料來源：https://unstats.un.org/sdgs/

ESG 分別是環境保護（E，Environmental）、社會責任（S，Social）以及公司治理（G，Governance）的縮寫。ESG 是一種企業策略，致力於識別、評估和管理與可持續發展相關的風險與機會。它著重於企業價值的創造，以及對利益相關者和環境的影響。

透過設定目標，企業可以具體化 ESG 願景，並將其整合到日常經營中。

ESG 報告書則提供了企業 ESG 表現的透明資訊，協助投資人評估企業的長遠價值和影響力。簡而言之，ESG 能讓企業在經濟繁榮、社會進步和環境保護之間取得平衡，創造一個更具永續性的未來。

ESG 運動在不到 20 年的時間就已從聯合國原本的企業社會責任（CSR）倡議而發展成一全球現象，根據美國金融服務業晨星公司的數據，單在 2019 年就有 176.7 億美元的資本投入 ESG 相關產品，較 2015 年成長近 525%。

0.2　為什麼要推動 ESG？

自 1997 年在日本通過京都議定書後，就有學者發現，就算京都議定書能被徹底完全的執行，到 2050 年之前也僅能把氣溫的升幅減少 $0.02^{\circ}C$ 至 $0.28^{\circ}C$，因此許多批評家和環保主義者都認為其標準設定過低，根本不足以應對未來的嚴重危機。

因此聯合國在 2015 年在法國巴黎通過了《巴黎協定》中，進一步的將標準及目標訂出。其中《巴黎協定》主要的目標就是「以工業革命前的水平為基準，將全球平均升溫控制在 $2^{\circ}C$ 內」，並致力達到以升溫幅度 $1.5^{\circ}C$ 為上限。

至於為何是攝氏 1.5 度？因為一旦超越升溫攝氏 1.5 度的「臨界點」，熱浪、暴雨、旱災等極端天氣事件的頻率將會大增，根據聯合國政府間氣候變化專門委員會（IPCC）報告內容指出：

1. 「十年一遇」的極端熱浪頻率，在升溫攝氏 1.5 度的情況將增加 4.1 倍，而在升溫攝氏 2 度的情況將增加 5.6 倍。

2. 當全球升溫攝氏 1.5 度，珊瑚礁將減少 70% 到 90%；若全球升溫攝氏 2 度，超過 99% 珊瑚礁將消失殆盡。

3. 若將全球暖化限制在攝氏 1.5 度而非攝氏 2 度，2100 年全球海平面上升將減少 10 公分。

另外，自 2015 年後，2021 年聯合國也在蘇格蘭格拉斯哥召開第 26 屆氣候變遷大會，其中 197 個與會國家為了避免氣候變遷危機，共同通過新協議：《格拉斯哥氣候公約》。此公約一則重申《巴黎協定》的降溫目標，以工業革命前的平均值為準，努力將全球平均氣溫上升的幅度控制在 $2^{\circ}C$ 之內，努力限制在 $1.5^{\circ}C$ 之內。二則呼籲各國要深刻體認，想把全球暖化限制在 $1.5^{\circ}C$ 之內，必須快速、深入且持續地減少全球溫室氣體排放，以 2010 年平均值為準，必須在 2030 年前將全球二氧化碳排放量減少 45%，並在 2050 年左右達到淨零排放，其他溫室氣體排放也要大幅減少。

聯合國從 1997 年到 2021 年，聯合國在這些會議中都一再重申全球暖化的嚴重性，及要求各國持續地減少全球溫室氣體排放，但是我們對於全球暖化真的有控制住嗎？

根據聯合國氣候變化 2022 年 10 月發布的新報告顯示，雖然各國正在努力減少溫室氣體排放，但這些努力仍不足以將全球溫度在本世紀末限制在攝氏 1.5 度以內，因此，儘管我們已經取得了一些進展，但全球溫室氣體排放的問題仍然嚴重，還需要我們持續努力和改進。

讓我們再回到 ESG，由於 SDGs 與 ESG 之間在於具備共同關注可持續發展的理念。SDGs 提供了全球性的目標和指南，旨在促進平等、保護地球和確保所有人的福祉。而 ESG 則為企業提供了一套評估和報告標準，幫助它們在環境保護、社會責任和良好治理方面取得進步。

因此，企業可以透過實施與 ESG 相關的策略和措施，直接或間接地支持實現 SDGs 與降低溫室氣體效應的目標。在 SDGs 中，「氣候行動」是必須第一優先需要解決的課題。此外，無論是產業還是生活都是建立在能源的使用上，因此「工業、創新與基礎建設」與「負責的生產與消費」這兩個課題也有所關連。不僅如此，氣候變遷中所影響的範圍甚廣，所以也有必要致力達成 SDGs 的其他目標。

近年來有多家美國大型企業都已經將碳中和當作企業經營的未來的方針及目標，舉例來說，目前全世界最大的手機製造商 Apple，就已經宣告要在 2030 年前與其全球供應鏈，一同實現脫碳的目標。[2]

而美國市值第一名的微軟，在 2020 年時更發出豪語，不但要在 2030 年實現碳負排放，還要消除公司自 1975 年成立以來的碳足跡！[3]

雖然我們仍有機會在未來實現將每年升溫控制在攝氏 1.5 以內的目標，但前提則是現在就要採取積極的行動，將全球溫室氣體排放量在 2030 年之前減半，並在 2050 年達到「淨零」的目標！如果要能夠達到這個目標需要全體人類的共同努力，尤其是全球的企業都需要一起共同能將這個目標納為企業所經營的目的之一，才有可能實現這個目標。

0.3 台灣企業推動 ESG 的好處

根據經濟部中小及新創企業署所發布《2023 年中小企業白皮書》顯示，台灣有超過 98% 以上都是中小企業，因此在長遠的企業經營目標上沒辦法跟美國大公司比，而中小企業主們常常會將成本當作經營上最優先考慮的因素，我們過往在擔任 ESG 顧問推動 ESG 期間也常會碰到中小企業老闆詢問「為何要花錢跟花時間資源推動 ESG？」

其實雖然從短期上看來，企業執行 ESG（環境、社會與治理）策略雖然可能初期會增加內部成本，但從長遠來看，這些投資還是可以為企業帶來顯著的好處。並且有下面幾項優點：

1. **提高企業品牌價值和聲譽**

   實施 ESG 策略有助於建立和提升企業的品牌價值和市場聲譽。

---

[2]　資料來源：蘋果官網
https://www.apple.com/tw/newsroom/2022/10/apple-calls-on-global-supply-chain-to-decarbonize-by-2030/

[3]　資料來源：微軟官網 https://news.microsoft.com/zh-tw/features/carbon-reduction/

近年來消費者、投資者和其他利害關係人越來越重視企業的社會責任表現，實施 ESG 可以增強企業形象，吸引更多的顧客和投資者。

2. **提高投資回報**

    國外許多研究報告顯示，長期關注 ESG 表現的企業往往能夠提供更高的投資回報。這是因為這些企業通常更能夠識別和管理與環境和社會相關的風險，進而減少可能對企業價值產生負面影響的事件。

3. **提高風險管理能力**

    透過實施 ESG 策略，企業可以更好地識別和管理與環境和社會相關的風險，如氣候變化、工作條件和公司治理問題。這可以幫助企業避免相關的法律和監管風險，減少潛在的財務損失。

4. **吸引和留住人才**

    企業的社會責任和環境表現對於當今的工作人口越來越重要，尤其是對年輕一代。實施 ESG 策略可以幫助企業吸引和留住那些對公司的社會和環境影響有較高要求的優秀人才。

5. **開拓新市場和機會**

    關注 ESG 可以幫助企業識別和利用新的商業機會，如開發綠色產品和服務或進入可持續發展市場。這些新市場和產品可以為企業創造新的收入來源。

6. **獲得更優惠的融資條件**

    許多金融機構開始提供更優惠的融資條件給表現出良好 ESG 的企業。這意味著，實施 ESG 策略的企業可能會享受到更低的借貸成本。

因此，發展及投資 ESG 對於提升企業的競爭力、持續成長和長期成功至關重要，而透過提高環境和社會表現以及加強治理等行動，企業也可以在未來經濟發展中取得更好的定位，並為所有利害關係人創造長期價值。

更重要的是台灣也在 2022 年 3 月正式公布「臺灣 2050 淨零排放路徑及策略總說明」，更在 2023 年 1 月核定「淨零排放路徑 112-115 綱要計畫」，並在同年的 1 月 10 日經立法院三讀通過《氣候變遷因應法》，這些都已經等

同宣示 2050 淨零轉型將是臺灣未來發展的目標,因此中小企業更應該早日做好準備。

0.4 永續與雙軸轉型

由於台灣很多企業對於數位轉型所能提供給企業的價值有些疑慮,加上數位轉型所需要投資的成本過大,時間過長,因此數位轉型這個名詞雖然喊了將近十年,但是實際落實企業內部並且執行的寥寥無幾。

因此在 2020 年歐盟的產業策略中便首先提出「雙軸轉型(Twin Transition)」的概念,將數位轉型及綠色轉型結合,推動企業雙軸轉型。[4]

也由於在全球環境趨勢及供應鏈客戶要求之下,未來要如何利用數位及科技的力量協助企業達到永續經營的目標,將顯得格外的重要。隨著全球對可持續發展及永續相關議題的關心逐漸增加,ESG(環境、社會與公司治理)將成為企業戰略的核心,而數位轉型,特別是人工智慧(AI)與物聯網(IoT)技術的應用,也將正成為推動 ESG 實踐的重要工具。

AI 技術在永續與雙軸轉型中扮演著重要角色。例如,在能源管理方面,AI可以幫助預測能源需求,提高能源效率。在資源優化上,AI 能夠分析生產過程中的數據,指導資源的最優分配。此外,AI 還可以在監測和控制環境汙染方面發揮作用,目前台灣一些製造業在生產流程上已經開始大量利用 AI 影像辨識提升良率,從某方面來說,也算是已經踏入永續與雙軸轉型之路了。

而物聯網(IoT)是指能透過網路相互連接的實體設備或是裝置,這些實體裝置或機器能夠收集和交換數據。舉例來說,在製造業中,物聯網設備如感測器和智慧機器可以實時監控生產線,進而收集關於機器運行效率、能耗和產品質量的重要數據,而將這些收集到的重要資料,結合上面所說的 AI 就可以更進一步的減少溫室氣體的排放,減少不必要的電力及材料浪費等等。

---

[4] 資料來源:歐洲議會官網 https://single-market-economy.ec.europa.eu/industry/strategy_en

另外再舉例來說在農業領域中，農夫在田地插上感測器，感測器便可以監測土壤濕度和環境條件，幫助農民更有效地管理作物生長。另外在醫療保健領域，可利用穿戴式裝置用於實時監控患者的健康狀態，優化病房管理。而在零售業，利用 RFID 技術企業更是可以優化庫存管理，提高出貨效率。

通過物聯網設備收集的數據，可以幫助企業更深入地了解生產或是銷售過程中的各個環節。這些數據對於優化製造流程、提高產品質量以及降低能源消耗至關重要。

透過這些藉由物聯網實際收集到的資料及數據，企業也可以展示其節能減排的具體成果，這不僅增加了未來 ESG 報告上的可信度，同時也幫助利害關係人更好地理解企業是否有持續的發展及實踐永續經營。

0.5 結語

鑒於環境、社會與治理（ESG）相關議題及其架構的廣泛性和複雜度，本書旨在對 ESG 以及綠色數位轉型雙軸有興趣的讀者提供一套基礎知識與理解。雖然在網路上雖有大量相關資源和信息，但本書的目的是希望快速地為讀者打下堅實的基礎，以便在了解這些基本概念之後，能有效節省搜尋和篩選資訊的時間，進而專注於自己更加關心的議題以及未來希望深入探索的 ESG 領域之中。

本書為中華亞太智慧物聯發展協會三位共同創始人一同合著，中華亞太智慧物聯發展協會成立之初，即抱持著協助台灣中小企業數位轉型，推動軟硬整合，串連產業價值鏈，促進台灣 AIoT 產業發展與合作為宗旨。

近幾年協會在推動數位轉型上發現 ESG 議題將嚴重影響台灣產業競爭力及發展，因此由本會創會理事長裴有恆先生號召後，共同合著此書，希望可以協助讀者諸君在 ESG 以及綠色數位轉型及雙軸轉型的實施及推行上，有更清楚的認識及了解。

ESG 與永續作法概述

ESG 分別代表 Environment（環境）、Social（社會），以及 Governance（治理）三個面向。2004 年，聯合國發布《Who Cares Wins》報告，首次提出了 ESG 的概念。該報告指出，企業若要符合永續發展的願景，就需要在企業經營理念以及評量標準當中加入「環境」、「社會」以及「公司治理」之概念。[1] 演變到現在，「公司治理 3.0——永續發展藍圖」就是我國金管會要求上市櫃公司的準則，目的是加速精進我國公司治理，並掌握全球重視的 ESG。

另外，西元 2015 年 9 月聯合國永續高峰會通過《2030 永續發展議程》，發布 17 項「永續發展目標」（Sustainable Development Goals，簡稱 SDGs），擘劃至西元 2030 年重要的永續藍圖。包含 17 個目標，主要涵蓋以下方面：

1. **終止貧窮**：到 2030 年消除全球極端貧窮。
2. **消除飢餓**：消除飢餓，實現糧食安全和營養改善。

---

[1]　資料來源： 天下集團 未來城市網頁
https://futurecity.cw.com.tw/article/2328

3. **健康與福祉**：確保各年齡階段的健康生活方式，促進各年齡階段的福祉。

4. **優質教育**：確保包容和公平的優質教育，讓全民終身享有學習機會。

5. **性別平等**：實現性別平等，增強所有婦女和女童的權利與能力。

6. **淨水與衛生**：為所有人獲得乾淨的水和環境衛生設施與服務。

7. **可負擔的潔淨能源**：確保人人獲得可負擔、可靠和符合永續趨勢的現代能源。

8. **合適的工作及經濟成長**：促進持久、包容和永續經濟成長，促進充分的生產性就業和人人獲得體面工作。

9. **工業化、創新及基礎設施**：建造具備抵禦災害能力的基礎設施，促進包含各國在內的永續工業化，推動創新。

10. **減少不平等**：減少國家間和國家內的不平等。

11. **永續城鄉**：建立包容、安全、具備抵禦災害能力和永續的城市和鄉村，適合人類居住。

12. **負責任消費及生產**：確保採用永續的消費和生產模式。

13. **氣候行動**：採取緊急行動應對氣候變遷及其影響。

14. **保育海洋生態**：保護和永續利用海洋和海洋資源，以實現永續發展。

15. **保育陸地生態**：保護、恢復和促進永續利用陸地生態系統，永續管理森林，控制荒漠化。

16. **和平、正義與健全制度**：建立和平、包容的社會以實現永續發展，提供司法救助，建立負責任、包容的機構。

17. **多元夥伴關係**：加強實施方法，重振全球夥伴關係促進永續發展。

圖 P1.1 聯合國 17 個永續發展目標

資料來源：文化部台灣社區通網頁[2]

這十七個目標，包含 169 個子目標，而由這 169 個子目標內容得知其可對應
到環境（E）、社會（S）與治理（G）三個方面。對應如下表 P1.1。

表 P1.1 聯合國 17 個永續發展目標跟 ESG 的對應關係（製表者：裴有恆）[3]

SDGs 永續發展目標	E	S	G
1.終止貧窮		✓	
2.消除飢餓		✓	
3.健康與福祉	✓	✓	
4.優質教育		✓	✓
5.性別平權		✓	✓
6.淨水及衛生	✓	✓	
7.可負擔的潔淨能源	✓	✓	
8.合適的工作及經濟成長	✓	✓	✓
9.工業化、創新及基礎建設	✓	✓	

---

[2] 網址：https://communitytaiwan.moc.gov.tw/Item/Detail/%E7%A4%BE%E5%8D%80%E7%87%
9F%E9%80%A0%E8%88%87%E8%81%AF%E5%90%88%E5%9C%8B%E6%B0%B8%E7%BA
%8C%E6%8C%87%E6%A8%99%E3%80%88SDGs%E3%80%89%E7%9A%84%E9%80%A3

[3] 資料來源：SustainoMetric 網站

SDGs 永續發展目標	E	S	G
10.減少不平等		✓	✓
11.永續城鄉	✓	✓	
12.責任消費及生產	✓	✓	✓
13.氣候行動	✓		✓
14.保育海洋生態	✓		
15.保育陸域生態	✓		
16.和平、正義及健全制度		✓	✓
17.多元夥伴關係			✓

接下來的第一部分的各章，我們會針對 E、S、G 的相關內容與作法，以及跟三者很有關聯的永續金融，還有 ESG 報告書的細部內容做闡述。

而 AIoT，也就是人工智慧結合物聯網，架構如底下的圖 P1.2，其運算機制為在實體層具備感測器的終端裝置，透過其中的感測器獲取資料，再把這資料在邊緣端用 AI 邊緣運算推論模型做即時處理後，再把資料透過網路傳到平台層，在平台層透過雲端的伺服器進行 AI 模型學習，然後把此學習後的模型的結果放到終端裝置上做邊緣運算推論的模型。而針對永續的各個領域，AIoT 系統也都能發揮效用。

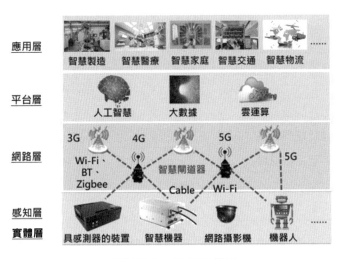

∧ 圖 P1.2　AIoT 架構圖

圖源：《從穿戴運動健康到元宇宙，個人化的 AIoT 數位轉型》一書

1

環境

—— 裴有恆

1.1 概述

西元 2019 年底，COVID-19 病毒開始在全球散播，成為影響全人類生活的重大災害，接下來的三年，公司和學校等組織為了怕因為人員被感染而影響公司運作、學生學習，安排人員在家工作，以保持與人零接觸，避免被感染。而周遭的生活環境因為人類活動大量排放溫室氣體造成的地球暖化，因此氣候異變的現象，也在這個期間而被看見。例如在 2022 年底到 2023 年初的冬天，尼加拉大瀑布也因為當地氣溫暴跌至零下 36 度，出現結冰的面積勝過以往。另外聯合國跟歐盟的氣象單位的報告中指出，2023 年 6 到 8 月是 1940 年開始，有紀錄以來最炎熱的夏季，而且是連續創下當月最高溫紀錄。此時聯合國秘書長古特瑞斯（Antonio Guterres）提到「地球的氣候已走上崩潰之路。」[1]。

---

[1] 資料來源：Yahoo 新聞
https://tw.news.yahoo.com/2023%E5%B9%B4%E6%81%90%E6%98%AF%E4%BA%BA%E9%A1%9E%E6%AD%B7%E5%8F%B2%E4%B8%8A%E6%9C%80%E7%86%B1%E5%B9%B4-%E8%81%AF%E5%90%88%E5%9C%8B-%E6%B0%A3%E5%80%99%E8%B5%B0%E4%B8%8A%E5%B4%A9%E6%BD%B0%E4%B9%8B%E8%B7%AF-012411836.html

這樣的極端氣候對人類及地球上的其他生物影響生存環境越來越大，故而減緩溫室氣體排放速度與影響，已經變成不得不做的行動。於是，在 2021 年 11 月舉行的第 26 屆聯合國氣候變化大會（COP26）會議期間，超過 100 個國家聯合承諾到 2030 年停止並逆轉森林流失和土地劣化。而在此會議中的參與國家元首們，100 多個國家一致承諾到 2050 年實現淨零排放，這些國家代表全球 70% 的經濟產出和全球溫室氣體排放比率大約 65%。還有中國及俄羅斯宣告 2060 年實現淨零排放，印度宣告 2070 年實現淨零排放。

前總統蔡英文亦於 2022 年 4 月 22 日世界地球日宣示，2050 淨零轉型也是臺灣的目標，國家發展委員會也結合各部會制定了「台灣 2050 淨零排放路徑及政策」（請見附錄 A）。民國 112 年 1 月 10 日立法院三讀通過「溫室氣體減量及管理法」修正案，並改名為「氣候變遷因應法」，明確訂定我國應在 2050 年達成溫室氣體淨零排放，成為接下來氣候治理主要法源。[2]

燒煤炭及石油等化石燃料的發電與運輸工具的內燃機運作造成的大量溫室氣體排放，是讓地球暖化的重要因素，臺灣的電力排碳係數[3]一直都是亞洲前幾名高的，而使用電力造成的碳排放也是全台灣碳排放的最大佔比原因。唯有減少使用化石燃料的發電，改用少排放溫室氣體的綠電[4]才能解決這個問題，將排碳係數降低。

在第一部分內文中我們提及聯合國 17 個永續發展目標，其中第 13 個目標「氣候行動」旨在減少溫室氣體的排放。這部分涵蓋組織和產品兩大範疇。對於組織，減少碳排放的主要途徑是透過有效的能源管理及數位轉型，以提高能源使用效率，來達到節能的目的。而對於產品，從原料、生產、配送、使用到棄置或回收，整個過程中的碳排放總和被稱為碳足跡。要達成減碳目標，循環經濟是一種有效的方法，同時也對應到第 12 項「負責任消費及生產」的永續發展目標。

---

[2]　資料來源：環境資運中心 https://e-info.org.tw/node/235882

[3]　電力排碳係數為 台電、民營電廠、汽電共生業發電所耗用的燃料，除以總發電量，去計算每發一度電所排放的二氧化碳量。

[4]　指產生過程中碳排放少的電力，如太陽光電及風力發電。

跟環境有關的還有永續發展目標中的第 14 項「保育海洋生態」，及第 15 項「保育陸地生態」則是對應到自然環境中生態保育，如何保持生物多樣性是其中的重要議題。另外空氣以及水汙染這個長期被討論的環保議題，都會在本章中談到。

談到環境管理，ISO 14000 系統是國際標準組織（ISO）制定的一套環境管理標準，旨在幫助組織系統化地管理其環境影響。ISO 14000 系統適用於任何規模和類型的組織，包括企業、政府機構和非營利組織。它可以被用於任何行業，包括製造、服務、能源和建築等。其中 ISO 14001 於 1996 年發布，旨在為組織提供一個系統化的方法來管理其環境影響。ISO 14001 要求組織制定環境政策、目標和程序，並採取措施監測和改進其環境績效。而接下來的各節也會討論對應的相關 ISO 標準，其中只有 ISO 50001 能源管理系統不在 ISO 14000 系統之中，而是因為節省電能就可以減碳而納入本書內容。

故而接下來各節分別會探討「組織碳盤查與組織碳減排專案」、「產品碳足跡與循環經濟」、「能源管理與綠能」、「碳訂價與碳中和」、「環境汙染」、「生物多樣性」、「用數位轉型強化對環境好的影響」等。

1.2 組織碳盤查與組織碳減排專案

組織碳盤查是指以政府和企業為單位，計算其在一定時間範圍內，界定邊界內的社會和生產活動中各環節直接或者間接排放的溫室氣體總量。此處的溫室氣體（Green House Gas，簡稱 GHG）是指二氧化碳 CO_2、甲烷 CH_4、氧化亞氮 N_2O、氫氟碳化合物 HCFs、全氟碳化合物 PFCs、六氟化硫 SF_6，以及三氟化氮 NF_3 七種，以及其他經中央主管機關公告之物質[5]。組織碳盤查是瞭解組織的碳排放量的重要第一步，也是制定減碳策略的基礎。

---

[5]　出自《溫室氣體排放量盤查登錄及查驗管理辦法》

另外，根據政府文件《溫室氣體排放量盤查作業指引》[6]要求盤查的範圍上可分為直接排放（範疇一）、能源間接排放（範疇二）以及其他間接排放（範疇三）三種範疇。這要求也對應到國際標準 ISO 14064-1:2018《溫室氣體盤查標準》的類別一到類別六。以下分別說明：

1. **範疇一直接排放**：指組織在自身控制和管理的範圍內直接排放的溫室氣體，包括固定式設備之燃料燃燒（如鍋爐、蒸氣渦輪機、焚化爐、緊急發電機等）、生產過程中的排放（如水泥或氨氣之製造、切割使用之乙炔等）、組織擁有的交通運輸設備之燃料燃燒（如機具、載具、汽車、巴士、卡車等），以及逸散性溫室氣體排放源（如滅火器、冷媒、廢水處理廠的甲烷逸散以及特殊製程排放等）。範疇一也對應了 ISO 14064-1:2018 的類別一。

2. **範疇二能源間接排放**：指組織在生產過程中使用非屬組織所擁有設備提供之電力、熱力等能源所導致的間接排放，包括外購電力、熱力、蒸汽等的生產過程排放。範疇二對應了 ISO 14064-1:2018 的類別二。

3. **範疇三其他間接排放**：指組織的其他間接排放，亦即組織內的生產或商業活動，以承攬或外包方式，自他人之設備及資產所產生之排放。範疇三對應了 ISO 14064-1:2018 的類別三到類別六。接下來針對類別三到類別六分別說明：

   - 類別三：運輸間接溫室氣體排放量，指組織為生產、交付產品或服務而產生的運輸過程中所產生的溫室氣體排放，包括原材料、半成品、成品的運輸，員工、客戶、訪客的運輸，以及廢物、廢棄物的運輸。

   - 類別四：企業使用其他企業提供產品之間接溫室氣體排放（上游），指組織在生產、交付產品或服務過程中使用其他企業提供的產品或服務所產生的溫室氣體排放，包括：原材料、半成品、成品的生產過程，以及產品或服務的運輸、使用、廢棄。

---

[6]　環境部氣候變遷署之前還是環保署時公布的，最新版為 2022 年 5 月公布。

- 類別五：使用企業產品衍生間接溫室氣體排放（下游），指組織生產、交付的產品或服務在使用過程中所產生的溫室氣體排放，包括：產品或服務的使用、運輸、廢棄。

- 類別六：其他來源間接溫室氣體排放量（無法分類來源者），指無法歸屬於前五類的間接溫室氣體排放，包括組織營運過程中產生的溫室氣體排放，例如：廢棄物處理、廢水處理、製冷、空調等，以及組織的投資活動所產生的溫室氣體排放。

而 ISO 14064-1:2018 中要求組織對類別三到類別六的溫室氣體排放進行重大性鑑別，若鑑別後為重大類別，就需進行盤查量化。另有 GHG Protocol 將範疇三細分為 15 項[7]。

《溫室氣體排放量盤查作業指引》與 ISO 14064-1:2018 內容的整理為表 1.1。

表 1.1　碳排放範疇與類別對應（製表者：裴有恆）

範疇	類別	內容
範疇一 直接排放	類別一	組織在自身控制和管理的範圍內直接排放的溫室氣體，包含固定能源、製程、移動、逸散四個方面。
範疇二 能源間接排放	類別二	指製造生產時耗用電力、蒸汽、熱及冷卻，非屬組織所擁有設備提供。 如生產產品時所須耗用的電力，由電力公司所提供。
範疇三 其他間接排放	類別三	企業自身運輸間接溫室氣體排放量
	類別四	企業使用其他企業提供產品之間接溫室氣體排放
	類別五	使用企業產品衍生間接溫室氣體排放
	類別六	其他來源間接溫室氣體排放量

---

[7]　這 15 項為：1. 已購商品及服務、2. 資本貨物、3. 燃料和能源相關活動（不包括在範疇 1 或範疇 2 內）、4. 上游運輸及配送、5. 運營中產生的廢棄物、6. 商務旅行、7. 員工通勤、8. 上游租賃資產、9. 下游運輸及配送、10. 已售產品的加工、11. 已售產品的使用、12. 已售產品的終端處理、13. 下游租賃資產、14. 特許經營、15. 投資。

接下來談到組織進行碳盤查的流程，一般有五個步驟：

步驟一、規劃

　　確定盤查範圍（對應到組織邊界）、目的、方法、時間表等。

步驟二、數據收集

　　確認組織會產生碳排放源，收集對應碳排放數據。

步驟三、數據分析

　　對收集的數據進行分析，計算組織的碳排放量。

步驟四、報告

　　編寫組織碳盤查報告，包括組織碳排放量、減碳潛力等內容。

步驟五、驗證

　　對組織碳盤查報告進行確認查證，確保報告的準確性。

∧ 圖 1.1　組織碳盤查流程

製圖者：裴有恆

這五個步驟可以用「邊源算報查」方便記憶，對應五個步驟的規劃「邊」界、確定排放「源」以收集數據、計「算」碳排放量、整合成「報」告，以及第三方「查」驗證。

而要做組織的碳盤查，先要設定對應的基準年。設定基準年目的在建立溫室氣體管理的績效比較基準，以評估其相對於基準年的數值的減量目標之達成狀況。而針對基準年，組織應該選擇能擁有可信數據的最早相關時間作為基準年，其基準年之溫室氣體排放量與移除量必需量化。而設定基準年一般有固定基準年及滾動式基準年兩種做法：

■ **固定基準年**：單一年度基準年或多年平均基準年。

■ **滾動式基準年**：排放量與前一年作比較。

倘若缺乏可靠之歷史數據，組織可以採用一個較近的年份作比較。但是選擇後，需說明選擇該基準年之理由。

組織碳盤查有助於組織瞭解自身的碳排放情況，找出碳排放熱點，好制定有效的減碳策略，接下來做**減碳目標設定及減碳績效評估**。要進行排碳的減少（也就是碳減排），就必須遵循 ISO 14064-2 的標準。ISO 14064-2 是針對碳減排專案的國際標準，而且涵蓋減少溫室氣體排放的測量和監控，其主要步驟陳述如下：

步驟一、範疇和目的

此標準確定了測量、監控和報告組織層面的減少溫室氣體排放的要求。主要目的是提供組織在減少溫室氣體排放方面的方向和標準，以確保一致性和可比較性。

步驟二、建立碳減排專案

描述了建立碳減排專案的程序和要素，包括設定碳減排的目標、確定排放基準年、選擇適當的減排措施等。

步驟三、碳減排措施的選擇和評估

強調了碳減排措施的選擇標準，例如技術可行性、經濟效益、社會可行性等。並且也提供了評估減排措施效果的方法，以確保其真實性、可量測性且可追蹤性。

步驟四、測量和監控

確立了碳減排專案的監測和報告機制，包括所用的測量方法、資料的蒐集和分析，以確保資料的準確性和可靠性。

步驟五、報告和驗證

規範了碳減排專案報告的格式和內容，確保其透明、完整且一致。並且強調了驗證的重要性，以確保報告的準確性和符合標準的要求。

步驟六、持續性改進

強調了對碳減排專案的定期評估，以確保其有效性。並且提供了制定和實施改進措施的指導方針，以不斷提高溫室氣體減排的效果。

步驟七、確認相容性和整合

鼓勵組織整合減排專案的流程和數據到其整體環境管理體系中，以確保一致性和協調性。

∧ **圖 1.2** 組織減碳專案執行流程
製圖者：裴有恆

總之，針對組織的溫室氣體盤查與減量，《溫室氣體排放量盤查作業指引》及 ISO 14064-1 提供了一個組織層級的溫室氣體排放、減量與移除之量化與報告之附指引規範，而 ISO 14064-2 提供了一個組織在進行碳減排專案時的標準架構，以幫助組織更有效地測量、監控、報告和驗證其減少溫室氣體排放的成果，同時促進組織在碳減排過程中的持續改進。

而組織要減碳，想以科學角度設定減碳目標，可以透過聯合國的 SBTi 來協助。SBTi（Science Based Targets initiative）是一個由世界自然基金會（World Wide Fund for Nature，簡稱 WWF）、碳揭露專案（Carbon Disclosure Project，簡稱 CDP）、世界資源研究所（World Resources Institute，簡稱 WR）和聯合國全球盟約（United Nations Global Compact，簡稱 UNGC）等組織共同發起的全球性倡議。SBTi 主張「以科學為基礎的淨零排放行動」為了協助企業／組織設定近期與長期的減碳目標，提供企業／組織一條明確的減排途徑，設定碳排量目標的指引、標準、減碳建議。[8]

1.3 產品碳足跡與循環經濟

台灣產品碳足跡的法源依據主要來自 2020 年 3 月 16 日制定的《行政院環境保護署推動產品碳足跡管理要點》[9]，此法源要求碳足跡的量化和標籤申請應

---

[8] 資料來源：TEJ https://www.tejwin.com/insight/sbti/

[9] 資料來源：行政院環境保護署推動產品碳足跡管理要點總說明
http://oaout.moenv.gov.tw/law/Download.ashx?FileID=105381

符合國際標準 ISO 14067：2018 以及環境部氣候變遷署相關的規範。此外，《氣候變遷因應法》也提及碳足跡，讓中央主管機關根據國家減量目標對排放進行管制[10]。另外，生產者責任也被強化，需透過指定產品計算碳足跡並標示，引導綠色生產。

^ 圖 1.3　產品生命週期

製圖者：裴有恆

碳足跡的計算範圍主要包括了產品的整個生命週期，包括原物料的採集、製造、配送／零售、使用，以及棄置／回收等五個階段。作法包括三個階段：

1. **起始階段**：設定目標，選擇要做碳足跡產品或服務，以確定範圍。此時需要組織內部協調與供應商參與。

2. **產品碳足跡計算階段**：包含五個步驟

   步驟一、建立製程流程圖

   建構產品生命週期製程流程圖，包括原物料至廢棄處理過程中所有原料、能源、廢棄物之投入與產出。此時需考慮到未來盤查的複雜度，而做適度地簡化。底下以果汁的製程流程圖來舉例：

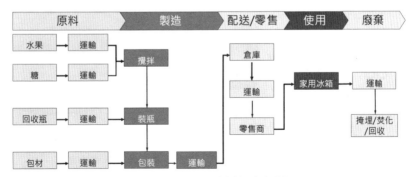

^ 圖 1.4　果汁製程流程圖

資料來源：經濟部產業發展署《產品碳足跡執行流程介紹》

---

[10]　詳見「氣候變遷因應法」第 3 條之十八-定義，第 33 條之九-推動管理機制，第 37 條-申請核定碳足跡，第 40 條主關機關標示碳足跡，第 54 條違反規則時罰鍰。
url: https://law.moj.gov.tw/LawClass/LawAll.aspx?pcode=O0020098

步驟二、檢查邊界與確定優先順序

界定系統邊界及確認活動數據蒐集的優先順序。時間上穩定生產的產品以整年為優先考慮，客製品或季節性產品以最近一批為考慮。地點上為標的產品在調查期間內生產所在工廠的位置，若是多個生產地點時，須考慮代表性。B2B 產品考慮到原料到生產成半成品運送給下游廠商即可。以圖 1.5 紙業的 B2B 製程為例可知。

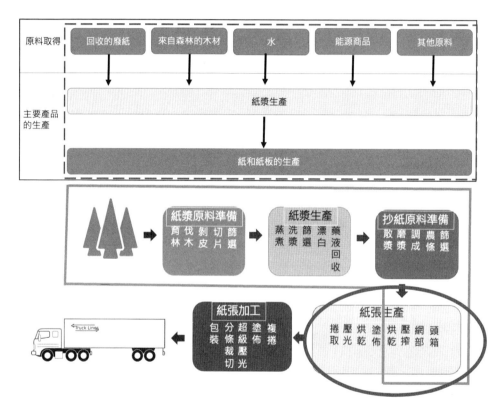

^ 圖 1.5　紙業的 B2B 製程邊界對應到上圖中的虛線，以及下圖中的實線部分
資料來源：經濟部產業發展署《產品碳足跡執行流程介紹》

步驟三、數據收集

蒐集的活動數據，包含邊界內的所有相關數據，包含原料、能源、資源、有價值的產物、化糞池逸散的甲烷氣體、空氣汙染物、水汙染物，以及廢棄物和最終處置使用的能源等等。在資料蒐集完畢後，還需要根據產品的生產特性來分配並整理單一產品的數據。

步驟四、計算碳足跡

根據收集的數據來計算出對應的碳足跡。也就是將所有活動數據與排放係數相乘的結果後累加的結果，如圖 1.6 的例子。

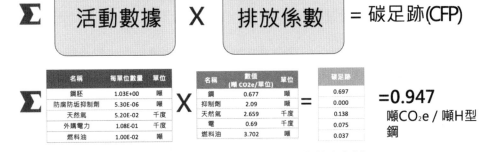

∧ 圖 1.6　碳足跡的計算方式與對應案例

資料來源：經濟部產業發展署《產品碳足跡執行流程介紹》

步驟五、品質評估

評估算出碳足跡的數據品質，及不確定性說明。其中原料階段的數據獲取來自供應商與原料排放係數的資料庫，製造階段的數據獲取來自組織碳盤查屬於製造的部分，而配送／零售、使用與棄置／回收是透過市調或情境假設推估得知。從其中得知其數據品質與不確定性的部分。

△ 圖 1.7　產品生命週期對應的碳足跡的評估計算方式
資料來源：經濟部產業發展署《產品碳足跡執行流程介紹》

3. **後續階段**：完成產品碳足跡的評估後，企業可以找適合的驗證機構進行碳足跡驗證，確保計算方法的合理性和準確性。此外，企業還可以撰寫產品碳足跡報告，向公眾公開其產品的碳足跡數據，以提升企業的環境透明度和消費者的環保意識。[11]

另外，循環經濟與碳足跡之間存在密切的關係，而循環經濟也對應聯合國 17 個永續發展目標的第 12 個目標「負責任的消費及生產」。如上面所說，碳足跡則是評估一個產品或服務在整個生命週期中所釋放的溫室氣體排放量，是一個度量產品或服務對氣候變化影響的指標，而循環經濟是一種永續的生產與消費模式，旨在最大限度地利用資源，減少浪費，並降低對環境的影響。

循環經濟的實踐可以幫助減少產品或服務的碳足跡。例如，通過優化產品設計、提高資源利用率、實現物料和能源的循環再生等方式，可以減少產品或服務的碳排放量，故其可對應第 13 個目標「氣候行動」。循環經濟還可以推動資源的再利用和回收，進而減少對原生料（指傳統開採礦物／砍伐森林獲得的物料）的依賴，降低碳足跡。例如台灣寶特瓶回收率已達 95%[12]，而寶特瓶再生料 rPET 的碳足跡可比原生料低上 4 成[13]。

---

[11]　資料來源：經濟部產業發展署《產品碳足跡執行流程介紹》
https://www.smartmachinery.tw/upload/web/covid19/materials/lowcabon/03-%e7%94%a2%e5%93%81%e7%a2%b3%e8%b6%b3%e8%b7%a1%e5%9f%b7%e8%a1%8c%e6%b5%81%e7%a8%8b%e4%bb%8b%e7%b4%b9_v1_1120329.pdf

[12]　資料來源：中央社報導 https://today.line.me/tw/v2/article/wLoVME

[13]　資料來源：天下雜誌報導 https://www.cw.com.tw/article/5126514

此外，循環經濟還可以促進低碳生產和低碳消費。例如，推動節能減排技術的應用，採用清潔能源等低碳技術，可以減少產品或服務的碳排放。同時，通過設計綠色產品、推廣低碳消費等方式，也可以鼓勵消費者進行環保消費，進而降低整個產品鏈的碳足跡。

因此，循環經濟與碳足跡之間存在密切的關係。而通過循環經濟的實踐，可以有效地降低產品或服務的碳排放，實現永續發展。美國 Ellen MacArthur 基金會製作的循環經濟蝴蝶圖[14]（圖 1.8）是現在描述工業循環與生物循環業界遵循的經典。

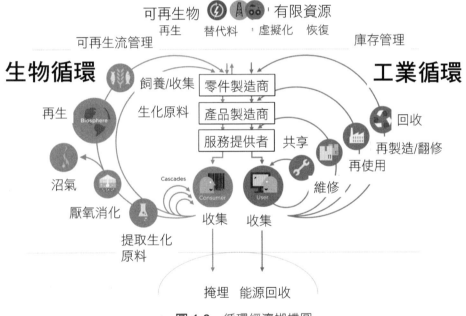

∧ **圖 1.8** 循環經濟蝴蝶圖
資料來源：Ellen MacArthur 基金會

由圖 1.8 可知循環經濟分為工業循環與生物循環，生物循環會透過生物再生與消化等模式來做循環，而工業循環有共享、維修、再使用、再製造／翻修，

---

14 描述循環經濟生物循環與工業循環的各種不同情境的圖，因其像蝴蝶有兩個翅膀，所以被稱為循環經濟蝴蝶圖。

以及回收等各個模式。目的是通過最大限度地延長資源的使用壽命，減少浪費和環境汙染，同時提高經濟價值。

而循環經濟的做法也對應到減少（Reduce）、再使用（Reuse），以及回收（Recycle）的所謂 3R，以下是工業循環相關做法的舉例說明：

1. **減少使用一次性產品**：減少使用如塑料袋、吸管等一次性產品，並鼓勵使用可重複使用的物品，如環保袋、環保杯等。

2. **廢棄物減量和再利用**：將廢棄物減量到最低限度，並儘可能再利用它們。並且將廢棄物轉化為資源，如再生紙、廢物堆肥等。

3. **資源回收**：從廢棄物中回收有用的資源，產生再生金屬、再生塑料等。

4. **產品設計上考慮循環**：將產品的生命週期中如何做到循環經濟納入設計，以減少浪費和環境汙染。例如，模組化設計產品使易於拆卸、維修、回收與再製造／翻修，使用更少的材料，並設計為可重複使用的。

5. **產品租賃和共享**：租賃和共享產品可以延長產品的使用壽命，減少浪費和資源消耗。

綜合以上做法，循環經濟可以幫助減少資源浪費和環境汙染，特別是台灣是海島，很多原料都要靠進口，而於此同時也能促進經濟發展和就業。

另外，針對循環經濟標準制定上，英國標準機構（British Standard Institution，簡稱 BSI）於 2017 年制定完成 BS 8001「組織執行循環經濟框架指引」（BS 8001：Framework for implementing circular economy principles in organizations–Guide）標準指引，其有六項指導原則，茲解釋如下：

1. **系統性思考（Systems Thinking）**：組織以系統且全面性之方法與思維，了解循環經濟決策與其他系統互動的過程。

2. **創新（Innovation）**：組織藉由產品與服務的過程中，持續創新並致力於資源的永續管理，以達成創造與提升其商業價值。

3. **責任管理（Stewardship）**：組織藉由決策和活動的管理權限，達成直接和間接的影響其循環經濟推動作為。

4. 合作（**Collaboration**）：組織藉由正式或非正式的內部與外部合作，創造共同的商業價值。

5. 價值鏈優化（**Value Optimization**）：組織須從價值鏈的觀點來做優化，以維持其所有產品、元件及材料之最佳價值和效用。

6. 透明度（**Transparency**）：組織對於永續與循環營運模式須保持開放的態度，並以清楚、明確、即時、誠實的方式來進行有效的溝通。

循環經濟的國際 ISO 標準到本書完稿前，制定的有 ISO 59004、ISO 59010，以及 ISO 59020 等，因應國際上對於循環經濟推動上的需求。ISO 於 2018 年成立 ISO/TC 323「循環經濟」技術委員會，推動循環經濟國際標準的制定，目前訂立的 ISO 標準位置為 ISO 59000 系統，但其餘各個標準皆處於草案版本。[15]

1.4 能源管理與綠能

根據《今周刊》在 2023 年 9 月份的報導，台灣 70% 以上的碳排放是由於使用電力造成的[16]，也因此電能管理成為管理碳排放的重點。所以就使用電力的能源管理，以及使用排碳量少的綠能變成達成減碳的重點作法。

能源管理國內有「能源管理法」[17] 做管理法源依據，執行單位是經濟部能源局。而經濟部產業發展署則強調節能減碳實作要遵循 ISO 50001 標準[18]。

---

[15] 資料來源：台灣循環經濟與創新轉型協會 CEITA
https://www.ceita.org.tw/%E5%BE%AA%E7%92%B0%E7%B6%93%E6%BF%9F%E4%B9%8B%E5%9C%8B%E9%9A%9B%E6%A8%99%E6%BA%96iso%E5%88%B6%E5%AE%9A%E7%8F%BE%E6%B3%81/

[16] 資料來源：《今周刊》網頁
https://esg.businesstoday.com.tw/article/category/190807/post/202309040038

[17] 能源管理法條目 https://law.moj.gov.tw/LawClass/LawAll.aspx?PCode=J0130002

[18] 資料來源：經濟部產業發展署能源管理系統《ISO 50001 推動必要性說明》簡報，綠色生產力基金會製作

能源管理的目的是為了有效的掌握公司能源使用狀況，並學習別人的節能方法及經驗，以及量測驗證改善措施的能源績效。

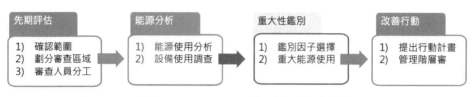

∧ 圖 1.9　ISO 50001 能源管理的流程圖

資料來源：《ISO 50001:2018 標準能源審查方法及重點》簡報

圖 1.9 顯示能源管理流程，以下將各個步驟分別說明：

步驟一、先期評估

組織確認運作能源管理系統之範圍，其可以是企業集團、製造廠區、辦公區域、樓層，或小至電腦機房，這完全視組織如何分割。決定範圍時，需考慮組織對於範圍內之設備是否具有控制權，而清楚說明範圍內是否有排除項目。再來將驗證範圍劃分為多個區域，分開進行審查，而讓熟悉不同區域的人員做分工盤查，達成回饋各區域之能源耗用資訊。

步驟二、能源分析

兩大重點：能源使用及設備使用。按照圖 1.10 的能源分析流程來做，參考工作執掌、能源查核報表、各項能源耗用統計報表、即時監控資料、各項能源耗用設備之運作紀錄、設備規格書、設計圖、銘牌資訊、區域設備檢點、保養紀錄、歷年度節能改善方案執行紀錄，以及各項能源耗用財會單據來做盤點。例如工廠用的機器設備，其中使用電的可以用銘牌上之最大功率結合運轉時間與負載係數的乘積來得出，而柴油發電機的加油紀錄有加油單據，可以推算出所加的柴油量，再乘以對應的係數得出。

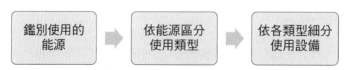

∧ 圖 1.10　能源分析流程

資料來源：《ISO 50001:2018 標準能源審查方法及重點》簡報

步驟三、重大性鑑別

根據 80/20 法則，找出能源使用量大的設備中的耗能因子。

步驟四、提出改善行動

由第三步辨識重大耗能因子之後，檢討「相關變數」及「操作條件」中發現改善機會。例如在工廠中，在原來的照明由原來的螢光日光燈全面換成 LED 照明，以及將老舊的耗能機器如更換至新的節能設備，如老舊冷氣換成變頻冷氣。[19]

在聯合國 17 項永續目標中「可負擔的潔淨能源」，指的就是綠能。綠能是可再生能源發電的電力，與傳統的燃煤、石油和天然氣發電相比，它們具有較低的溫室氣體排放和更環保的特點。除了核能之外，綠能類型有太陽能發電、風力發電、水力發電、生質能發電、地熱發電，以及海洋能發電等多種：

1. 太陽能發電是透過太陽能電池板將太陽輻射轉化為電能，很多建築現在都有在屋頂上裝太陽能板來做發電，而現在政府力推的「農電共生」跟「漁電共生」[20] 都是使用太陽能電池板在農地和漁塭上收集太陽能來發電。

2. 風力發電是通過風力渦輪機將風的動力轉化為電能，在台灣西部沿海常看到這種發電機，政府接下來預計會將很多風力發電機安裝在台灣離岸的海上來發電，也就是大家常聽到的離岸風電。

3. 水力發電是利用水流的動能轉化為電能。在台灣熟知的有結合水庫的大型水力發電站，以及一些小型微水力發電裝置等。

4. 生質能發電是利用生物質如木材、農業廢物等進行燃燒或發酵產生的氣體，轉化以發電。如沼氣發電是通過捕捉和利用沼氣，可以將其燃燒轉

---

[19] 資料來源：能源管理系統推動人員培訓課程《ISO 50001:2018 標準能源審查方法及重點》講義。

[20] 只要是跟農林漁牧等產業共同發展的光電生產行為，都屬於廣義的農電共生：包含在露天農地上的「營農地面型」、在室內養殖設施或畜禽舍屋頂的漁電共生、畜電共生「營農屋頂型」，以及多屬不利耕作地的「非營型」。而狹義的農電共生則專指在仍有耕作的露天農地上架設太陽能板，也就是「營農地面型」。資料來源：太平洋綠能
https://blog.pgesolar.com.tw/2021/11/10/%E8%BE%B2%E9%9B%BB%E5%85%B1%E7%94%9F

化來發電，也是一種生物質發電的形式，只是必須有一定養殖數量的較大型的養殖場才能發揮經濟價值。目前台灣大型養雞場、養豬場已有一些導入沼氣發電。

5. 地熱能電力利用地熱來做發電，通常透過地熱蒸汽或熱水驅動渦輪機發電。根據工商時報報導，蘊含在台灣地底下的地熱發電潛力，在淺層地熱發電潛力至少在 1GW 以上、深層地熱的潛力則在 40GW 以上，但因為很多地方已經有人居住，不好開發，目前我國政府希望到了 2050 年，全國的地熱開發量能達到 3GW 至 6.2GW。[21] 而宜蘭清水有台灣最大的地熱發電廠，年發 2500 萬度綠電[22]。台東金崙村的全陽地熱電廠於 2022 年 9 月正式商轉，裝置容量為 50 萬度綠電。

6. 海洋能電力是利用海洋的潮汐、波浪、洋流、溫差及鹽差等能量轉化為電能。台灣現在正在實驗室研究導入潮汐發電：國家海洋研究院、台灣大學及中山大學合作研發的「浮游式洋流渦輪發電機組」，完成全球首例的黑潮實海發電測試，目前估計 2050 年有商轉可能。[23]

要做減碳，使用綠電可以達成減少使用台電電力的碳排放量，是很不錯的減碳方法。政府法律「再生能源發展條例修正案」[24] 規定「用電大戶」，應自行設置或提供一定裝置容量以上之再生能源發電設備、儲能設備，或是透過購買一定額度之再生能源電力及憑證代替設置綠電設備。

談到再生能源，就必須談到 RE100。RE100 是由氣候組織（The Climate Group）與碳揭露計畫（CDP）所主導的全球再生能源倡議，聚集了全球最具影響力企業，從電力需求端的角度切入，共同努力提升使用綠電的友善環境；加入的企業必須公開承諾在 2020 至 2050 年間達成 100% 使用綠電的時程，且需要逐年提報使用進度。[25]

---

[21] 資料來源：工商時報 https://www.ctee.com.tw/news/20240105700718-431003

[22] 資料來源：環境資訊中心 https://e-info.org.tw/node/232836

[23] 資料來源：自由時報 https://news.ltn.com.tw/news/life/paper/1564558

[24] 細節可以參考 https://law.moj.gov.tw/LawClass/LawAll.aspx?pcode=j0130032

[25] 資料來源：RE100 Taiwan 網站 https://www.re100.org.tw/

1.5 碳定價與碳中和

為了促進企業減碳，國際推動了碳定價制度。中華經濟研究院綠色經濟研究中心的資料說明了碳定價工具有四種：第一種是「總量管制排放交易」，如歐盟排放交易體系，是針對特定產業設定了碳排的上限額度，如果某公司的碳排低於政府所設定的上限，就可以把剩下的額度轉換成碳權，到碳交易市場上買賣，之前 Tesla 就是透過碳權賺了很多錢；第二種是「碳環境稅費」，現在台灣《氣候變遷因應法》通過了，其納入碳費機制，根據此法規定，預計 2024 年開始，碳費收費對象的溫室氣體年排放量就會被納入計價，並於 2025 年開始繳納碳費；第三種是「碳信用抵換機制」，例如組織換了電動車後，去和主管機關申請減碳成效認證；第四種是「內部碳定價」，由公司內部制定碳價，讓各單位執行[26]，像台達電就訂定內部碳定價一公噸 300 美元[27]。

碳稅目前有歐盟的碳邊際調整機制（Carbon Border Adjustment Mechanism，簡稱 CBAM），課徵其生產國碳費與歐盟課徵碳稅的差額。CBAM 在 2023 年 10 月開始試辦，2026 年正式實施徵稅。預計到了 2027 年，執委會更近一步評估過渡期後，是否進一步擴大適用產業範圍。因為歐盟原是透過碳排放交易系統 ETS 的免費配額，讓歐盟企業不至於因為減碳墊高成本而削弱競爭力，但免費配額在 2026 到 2034 年間會逐漸取消；現在歐盟利用 CBAM，讓非歐盟企業跟歐盟企業一樣，承擔同等的減碳成本，也因此讓減碳不積極的企業，有更強烈的減碳誘因，因此可以推知 CBAM 將會針對 ETS 包含的項目逐步徵收。目前第一波 CBAM 碳關稅徵收的項目，包含鋼鐵及其中下游產品（如螺釘和螺栓等）、水泥、電力、氫、肥料及鋁。而螺釘和螺栓等產品徵稅影響到台灣的五金扣件業，讓其大大地感受到壓力。

而美國針對碳稅，也提出了相關法案：眾議院由民主黨提出清潔競爭法案（Clean Competition Act）及共和黨提出外國汙染費法案（Foreign Pollution

---

[26]　資料來源：綠能專案推動辦公室 網頁 https://pge.pthg.gov.tw/archives/4752

[27]　資料來源：遠見雜誌 https://www.gvm.com.tw/article/84055

Fee Act）。CBAM 與美國計劃提出的碳關稅法案均是針對企業的產品輸歐或輸美時，其申報的生產時的排碳放量，予以課徵碳關稅。而企業面對碳費及碳稅多出的成本，將影響企業的生存，故企業儘快設法減碳才是上策。

碳中和是指與「標的物於指定期間內相關的溫室氣體排放，使得大氣中的溫室氣體排放並無淨增加的情況。」[28] 也就是企業或組織的二氧化碳排放量，在特定的衡量時間中，透過各種減碳方式，將排放的二氧化碳正負抵銷，達成平衡，好完成「碳中和」。碳中和的 ISO 標準是 ISO 14068，是在 2023 年底公布的標準，其內容是基於 BSI[29] 的 PAS 2060 的標準。我國政府推出的作法為《實施碳中和參考規範》，也就是 PAS 2060:2014 版的中文化[30]。另外政府也推出了《碳中和宣告與作業指引》中將碳中和的流程，將碳中和的流程分為八大步驟[31]，如圖 1.11 所示。

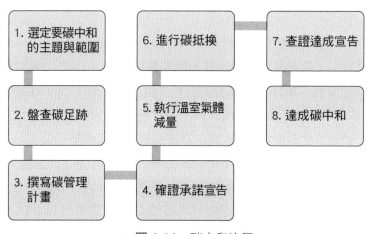

∧ 圖 1.11　碳中和流程

資料來源：環境部《碳中和宣告與作業指引》

---

[28]　資料來源：行政院環境部再仍為環保署時期訂定之《實施碳中和參考規範》

[29]　British Standard Institution，英國標準協會

[30]　資料來源：https://enews.moenv.gov.tw/Page/3B3C62C78849F32F/9a6850ba-0553-4829-8caf-e2a8b77f9387

[31]　此做法標準與 BSI 官網上《淨零排放與碳中和發展趨勢》一文提及的流程一致。

步驟一、選定碳中和的主題與範疇

在進行碳中和宣告之前,需明確確定要計算碳足跡的對象,可能是組織、產品、服務、建築物、專案、大型開發項目、城市鄉鎮社區、或活動等。

步驟二、盤查碳足跡

確定碳中和的對象後,必須量化其碳足跡,了解碳排放情況,以便制定後續的減量計畫。此時可參考前述的組織碳盤查或碳足跡的方法進行。

步驟三、撰寫碳管理計畫書

對於碳中和的實體,需編制碳足跡管理計畫,說明碳中和的目標、時間表、碳足跡盤查結果、減量措施等資訊。

步驟四、確認承諾宣告

若碳中和的實體所提出的「碳中和宣告」經過第三方查驗機構確認,則由該機構提供確認聲明,以證明宣告的正確性。

步驟五、執行溫室氣體減量

根據碳足跡管理計畫的規劃,逐步實現減排目標,計畫必須按時執行,並隨時進行修正。這個可參考前述的碳減排專案的方法進行。

步驟六、進行碳抵換

碳抵換是指在碳中和過程中,用來抵銷碳排放量的行動。這可能包括購買碳信用的方式,對應本節提到的碳稅與碳費。

步驟七、查證宣告達成

碳中和宣告的達成可透過獨立第三方機構驗證、其他機構確認,或自我確認的方式。

步驟八、達成碳中和

一旦確認通過碳中和宣告,則該宣告的「碳中和的期間及範疇」將永久有效。[32]

---

[32] 資料來源:環境部《碳中和宣告與作業指引》

1.6 空氣與水的環境汙染與處理

關於環境汙染，大家第一個想到的可能就是我們周邊環境的汙染與使用水的被汙染，在「看見台灣」這部已故臺灣空拍攝影師 齊柏林 執導的紀錄片播放的時後，大家看到了台灣相關的環境破壞與水汙染的狀況，也再度喚起民眾對台灣環境汙染的嚴重性的認真看待。

針對環境汙染，台灣已經有很多法規與標準做法，本書在附錄 D 有相關法條與標準的網路 URL 連結，讀者有興趣可以參考。而空氣汙染跟水汙染的處理也對應到聯合國 17 項「永續發展目標」的第 6 項「淨水和衛生」及第 11 項「永續城鄉」。而 ISO 關於這方面的文件也很多，像是 ISO 46001 水資源效率管理系統與 ISO 14046 水足跡。

1.7 生物多樣性

生物多樣性是指地球上所有生命形式的多樣性，其對應到聯合國 17 項「永續發展目標」的「保育海洋生態」與「保育陸地生態」。聯合國在 1992 年所訂立的《生物多樣性公約》中，給予了一個更全面系統的定義：生物多樣性是指基因、物種與生態系統三個層面的多樣性。因為人類濫墾、濫伐，破壞生物棲息地，汙染空氣與水，過度開發，以及排放溫室氣體，讓地球很多生物物種滅絕，影響到生物多樣性是生態系統的基礎，對維持地球生態平衡和生態功能至關重要。

生物多樣性提供各類生態系統服務。根據《千禧年生態系統評估》，生態系統服務主要包括供給服務、調節服務、文化服務和支持服務四項。[33] 以下分別說明：

1. **支持服務**：生產其他生態系服務的基礎，提供產出其他三項服務所需的條件。

2. **供給服務**：生物多樣性協助產出食物、原料、乾淨淡水，甚至是基因資源等人類所需資源[34]；生物多樣性是由基因多樣性所決定。野生的物種是人類栽培作物、家禽、家畜的來源，也是人類賴以維生的重要資源。而基因多樣性不僅可提供某一物種的地理和時間分布等資訊、瞭解其種類關係、解決系統分類問題，更提供了遺傳資源正確及有效利用的依據。人類栽培作物、家禽、家畜等的品種，都是基因多樣性的具體利用。[35]

3. **調節服務**：生物多樣性可調節氣候、水源等，以減緩自然災害對人類的衝擊與威脅，提高了生態系統對環境變化的適應能力。當環境條件發生變化時，多樣的生物群落中的某些物種可能具有更好的適應能力，此有助於維持整個生態系統的穩定性。

4. **文化服務**：此屬於精神層面，包括休閒娛樂、提供美學價值與教育價值等，使人類能從其中得到心靈上的富足與充實。保護生物多樣性有助於維護自然景觀和生態系統，同時為生態旅遊提供機會。此外，不同文化都與當地的生物多樣性有著深厚的聯繫，這些價值應受到保護和尊重。

以上這四個服務都是維持人類健康、提供安全生活的必要條件。[36]

---

[33] 資料來源：Matters Academy 生物多樣性 維護地球生態系統平衡
https://www.matters.academy/blog/biodiversity-maintaining-the-ecological-balance-of-the-earth

[34] 資料來源：科技大觀園
https://scitechvista.nat.gov.tw/Article/C000003/detail?ID=b95d7f3e-bec3-41b0-ad41-fad298e76a1c

[35] 資料來源：文化部 台灣大百科全書 基因多樣性（章）總論
https://nrch.culture.tw/twpedia.aspx?id=100783

[36] 資料來源：科技大觀園
https://scitechvista.nat.gov.tw/Article/C000003/detail?ID=b95d7f3e-bec3-41b0-ad41-fad298e76a1c

我國政府的生物多樣性政策，開始自農委會將 2000 年訂為「生物多樣性保育年」，2019 年，聯合國「跨政府生物多樣性與生態系服務平台」（The Intergovernmental Science-Policy Platform on Biodiversity and Ecosystem Services，簡稱 IPBES）的 130 多位國家代表在巴黎會商，為聯合國《全球生物多樣性與生態系服務評估》的摘要報告進行最後修訂。這份報告警告人類需積極回應解決生物多樣性喪失的議題，若不處理，未來十到二十年內有 100 萬物種面臨滅絕危機，而此數量比人類歷史上任何時刻多。[37] 2022 年第 15 屆生物多樣性公約會議（CBD COP15，其中 CBD 是 the Convention on Biological Diversity 的縮寫）通過的《昆明－蒙特婁全球生物多樣性綱要》，寄望大型企業與金融機構定期監測、評估和揭露生物多樣性風險、依賴程度與影響。

另外，低碳生活部落格整理出了 6 項企業執行生物多樣性行動的指引架構與倡議，以下一一說明：

1. **自然正值路徑（Roadmaps to Nature Positive）指引**：於 CBD COP15 期間，世界企業永續發展委員會（World Business Council for Sustainable Development，簡稱 WBCSD）與商業自然聯盟（Business for Nature）、科學基礎目標聯盟（Science-based Targets Network，簡稱 SBTN）等組織合作，發布了《自然正值路徑：加速企業當責、雄心和行動以實現自然正值未來的指引》（Roadmaps to nature positive: Guidelines to accelerate business accountability，ambition and action for a nature-positive future），給了企業一份行動清單去評估、承諾、轉型和揭露與自然相關的表現。

2. **自然資本議定書（Natural Capital Protocol）**：自然資本聯盟（Natural Capital Coalition）於 2016 年發布《自然資本議定書》（Natural Capital Protocol），2021 年完成中文翻譯本。包含涵蓋四個階段的決策流程：「建立架構－為何要做？」、「界定範疇－要做什麼？」、「衡量與評

---

[37] 資料來源：環境資訊中心 https://e-info.org.tw/node/218105

價－如何做？」及「應用－下一步？」。其再細分為九個步驟，以引導企業識別、衡量與評估其營運對自然資本的影響及依賴性，以辨識相關風險與機會，並幫助企業將自然資本納入決策參考。

3. **自然相關財務揭露框架（Task Force on Nature related Financial Disclosures，簡稱 TNFD）**：2021 年由聯合國開發計劃署（United Nations Development Programme，簡稱 UNDP）、聯合國環境金融倡議（United Nations Environment Programme Finance Initiative，簡稱 UNEP FI）、世界自然基金會（World Wildlife Fund，簡稱 WWF）、與非營利環保團體全球樹冠層（Global Canopy）共同推出 TNFD 這一個制定以自然為思考的全球性的風險管理和揭露框架，目的是使組織對相關風險和機會進行報告並採取行動，以促使全球資金轉向對自然有正面影響的目標。TNFD 沿用了與氣候相關財務揭露（TCFD）的架構，再依此做部分調整。

4. **自然科學基礎目標（Science-based Targets for nature）**：由 SBTN 提出設定自然科學基礎目標的方法，並提供了設定自然科學基礎目標的五個步驟：評估、確立優先次序、量測、設定與揭露、行動並追蹤。而在行動階段，則建議以行動框架（ART）－避免（Avoid）、減少（Reduce）、恢復及再生（Restore & Regenerate）、轉型（Transform）與最佳方法制定實施計畫、以達成落實目標。

5. **商業自然聯盟（Business for Nature）倡議**：由 WBCSD、世界經濟論壇（World Economic Forum，簡稱 WEF）等逾 70 個國際組織、企業、和環境保育組織組成商業自然聯盟，此聯盟呼籲企業加入「Nature is Everyone's Business」連署，並促使政府採取行動。該倡議在 CBD COP15 發揮影響力，幫助說服各國政府通過 2030 年讓全球大型企業和金融機構，去評估和揭露其營運對生物多樣性的衝擊、依賴性、風險。

6. **自然正值（Nature Positive）**：由世界自然基金會、國際自然保護聯盟（The International Union for Conservation of Nature，簡稱 IUCN）、WBCSD 等國際自然生態組織於 2021 年發起的倡議，自然正值為一項全

球的生物多樣性保育目標，期望在恢復生物多樣性上，能於 2030 年前邁向正成長，並於 2050 年完全恢復生態系。[38]

1.8 用 AIoT 強化對環境好的影響

數位轉型在台灣透過資策會 MIC 出版的《數位轉型力》一書定義了數位轉型有三個階段「數位化」、「數位優化」與「數位轉型」，而「數位優化」又有「營運優化」與「提升客戶體驗」兩種，其中「營運優化」就是用數位的方式，從原來沒有做，到導入數位機制，強化營運效率與效果。而數位轉型需要數位科技來強化新商業模式，特別是物聯網結合人工智慧的 AioT 技術。

以空氣品質為例，利用空氣盒子的微型空氣品質感測系統，透過政府的前瞻基礎建設的全面性校園佈建；在 2016 年開始發展，短短的幾年時間中，佈建量就超過萬台，分布地區也從台灣擴散到全球超過 44 個國家，一躍成為全球最大的微型空氣品質感測系統。而透過即時網路傳輸、大數據分析與人工智慧等技術，讓這些微型空氣品質感測器所收集到的資料，已被成功運用在即時空汙示警、追蹤空氣汙染源、預測空氣品質變化、提供最佳空氣品質路徑規劃等應用服務。[39]

另外，卡米爾公司協助政府環保單位，透過在工業區安裝很多空氣感測器，以感測到廢氣排放，但因為感測到的位置與時間已經是從真正排放處被風吹送到此位置才能感測，搭配風向等數據分析，才能找出最有可能位置。這也是環保單位之前的痛，發現問題，卻不能找出真正排放的廠商。卡米爾公司在找到不肖廠商的位置與推算出排放大約時間後，跟環保單位人員合作，在

---

[38] 資料來源：環境資訊中心 https://e-info.org.tw/node/237192

[39] 資料來源：科技大觀園
https://scitechvista.nat.gov.tw/Article/C000009/detail?ID=dc00aaac-d803-4bfd-92af-a033044fb171

廠商可能排放廢氣時段，埋伏到此廠商位置附近，在廠商排放時當場人贓俱獲。[40]

又因為再生能源小而分散在全台電網末端，有電池、太陽能、風電等等，以及用戶的需量反應等資訊需要聚合與管理，台電在 2019 年啟動了「DREAMS」（導入配電級再生能源管理系統）計畫，慧景科技協助完成了DREAMS 的軟體平台，以因應再生能源併網後對電網的電壓與頻率產生的影響，並有效監測和管理全台灣併在台電電網上的再生能源，最後利用 AIoT系統將這些數據聚合起來管理。[41]

還有做碳盤查、碳足跡，以及 ESG 永續報告書，這些都有雲端工具協助：碳盤查、碳足跡透過雲端工具可以增加效率，且透過雲端工具的主動提醒，可以避免漏誤，碳足跡的原料碳排放係數需透過數位資料庫查詢，ESG 永續報告書透過數位工具自動產生，只需把數據填入就可完成，大大增加效率。

還有生物多樣性，可以用 AIoT 協助發展，以下有幾個案例：

1. 在台灣，透過 AI 影像辨識綠鬣蜥這種威脅生態的外來生物，協助控制生態擴張。 [42]

2. 在台灣，透過 AI 影像記錄石虎生態棲息地，避免石虎被馬路上的車子誤殺。[43]

3. 在台灣，透過 AI 影像辨識監控水中生物物種，以協助海洋生態復育。[44]

---

[40] 資料來源：《AIoT 人工智慧在物聯網的應用與商機》一書

[41] 資料來源：《AI+AIoT 概論：寫給大學生看的 AI 通識學習》一書

[42] 資料來源：NVIDIA
https://blogs.nvidia.com.tw/2022/05/27/green-iguana-detection-and-surveillance-using-jetson-nano

[43] 資料來源：科技報橘 https://buzzorange.com/techorange/2019/09/03/leopard-cat-ai-conservation/

[44] 資料來源：大學報
https://unews.nccu.edu.tw/unews/%EF%BC%8ff%EF%BC%89%E5%9C%8B%E7%AB%8B%E
6%B5%B7%E6%B4%8B%E5%A4%A7%E5%AD%B8%EF%BC%BF%E6%B0%B4%E4%B8%8
Bai%E6%8A%80%E8%A1%93-%EF%BC%88%E6%B5%B7%E5%A4%A7%E6%B0%B4%E4%
B8%8Bai%E6%8A%80%E8%A1%93%E9%80%B2/

而透過數位轉型的「營運優化」在環境保育的各個環節，可以做到提高效率，除了提高效率減少用電，可以達成節能減碳的效果，也可以達成各項保育與監督的措施的效果提升，這個會在我們第二部分的「永續及雙軸轉型產業應用實例」中提出相關案例。

1.9 結論

保育地球的綠色轉型，結合人工智慧與物聯網等 IT 科技的數位轉型是環境保育的好解方。而在聯合國的 17 個永續發展目標中，如之前所提到的「淨水與衛生」、「可負擔的潔淨能源」、「負責任的消費及生產」、「永續城鄉」、「氣候行動」、「保育海洋生態」，以及「保育陸地生態」等都跟環境保育密切相關。我們只有一個地球，保育地球，讓人類有好的生活環境，馬上動作，已經是刻不容緩。

2

社會

———— 林玲如

2.1 概述

社會責任（Social Responsibility）是 ESG（環境 Environmental、社會 Social、治理 Governance）框架中的一個重要組成部分，是評估企業永續發展的關鍵指標之一，指的是企業在其營運過程中對人類社會的影響和責任。涉及企業對其員工、顧客、供應商、社區以及其他利益相關者的影響和責任。企業需要關注其對員工的待遇、對顧客的服務品質、對供應商的公平交易以及對社區的貢獻。這些因素直接影響到企業的社會形象和投資者對其的評價。

提到社會責任，其主要內容包括勞工權益、產品安全、消費者保護、社區參與和發展等方面：

- **勞工權益**：確保員工的工作環境安全、健康，並提供公平的薪酬和福利。
- **產品安全與品質**：生產安全、高品質的產品，保護消費者的利益。
- **消費者保護**：尊重消費者權益，提供透明的產品資訊和公平的售後服務。

- **社區參與**：積極參與社區建設，支持教育、文化和環境保護等公益活動。
- **供應鏈管理**：與供應商建立公平、透明的合作關係，推動供應鏈的社會責任實踐。

然而隨著全球化和社會多元化的發展趨勢，企業面臨著越來越多的社會責任挑戰。例如，勞工權益保護、產品安全問題、個人資料保護和隱私權等。企業需要不斷地更新其社會責任策略，以應對這些挑戰。

社會責任是企業永續發展的關鍵，實踐社會責任不僅能夠提升其品牌形象和市場競爭力，還能夠促進社會的整體福祉。一個積極履行社會責任的企業能夠在瞬息萬變的商業環境中保持競爭力，並為社會帶來正面的影響。隨著ESG投資的興起，社會責任將繼續成為企業評估和改善的重點領域。

本章的接下來各節分別會探討社會責任之「作用與效益」、「履行責任之挑戰」、「提升策略」、「共創價值夥伴關係」、「數位轉型催化社會影響」等，其中過往較少提及的「共創價值夥伴關係」、「數位轉型催化社會影響」會略多著墨。

2.2 作用與效益

社會責任在企業永續發展中扮演著關鍵角色，其主要作用：

1. **增強企業聲譽**：企業透過履行社會責任，能夠建立良好的品牌形象，增加消費者和投資者的信任。
2. **促進經濟成長**：企業對社會的貢獻可以刺激經濟活動，創造就業機會，並促進經濟發展。
3. **提升員工滿意度**：當企業重視社會責任時，通常也會關注員工福祉，有助於提高員工的工作滿意度和忠誠度。
4. **吸引人才**：具有強烈社會責任感的企業更容易吸引和保留優秀人才。

5. **改善風險管理**：社會責任實踐有助於企業識別和管理潛在的社會和環境風險，進而減少業務中斷和相關成本。

6. **創新驅動**：社會責任可以激勵企業創新，開發新產品和服務，以滿足社會需求和挑戰。

7. **建立消費者忠誠度**：企業的社會責任活動能夠與消費者的價值觀產生共鳴，進而建立起消費者的忠誠度。

8. **促進合作夥伴關係**：企業間的社會責任合作可以加強彼此間的合作關係，並共同推動行業標準的提升。

9. **支持可持續發展目標（SDGs）**：企業透過社會責任活動，可以支持聯合國的可持續發展目標，如減少貧困、提供優質教育和促進性別平等等。

下面是企業實踐社會責任（CSR）的具體案例：

1. **IKEA**：IKEA 透過賦予二手傢俱新生命來實踐永續發展。他們鼓勵消費者將舊傢俱賣回，再為其找到新主人，以減少浪費並推動循環經濟。

∧ 圖 2.1　IKEA 的二手家具示範店新聞

圖源：YouTube https://www.youtube.com/watch?v=Ve9avpsWIxU

2. **UNIQLO**：UNIQLO 任命「綠色哆啦 A 夢」為全球永續發展大使，推動永續意識，並透過購物轉化為捐款行動，支持清淨海洋垃圾的活動。

∧ **圖 2.2** UNIQLO 的綠色哆啦 A 夢

圖源：YouTube https://www.youtube.com/watch?v=KgJsl_xMmyA

3. **麥當勞**：麥當勞致力於淘汰塑料快樂玩具，並預計在 2025 年之前推出由可再生、回收或認證材料製成的兒童餐玩具，以減少塑料使用量。

4. **PChome x KKBOX**：這兩家公司合作舉辦「#催下去音樂節」，透過品牌影響力號召民眾捐款，為偏鄉孩童盡一份心力。

5. **全家便利商店**：全家透過「友善食光」機制減少食物浪費，並推出手機 APP「友善地圖」，讓消費者查詢即期品庫存，減少剩食問題。

這些案例展示了企業如何透過不同的方式實踐社會責任，不僅在環境保護上做出貢獻，也在社會福祉和教育等方面發揮影響力。這些努力不僅提升了企業的品牌形象，也對社會產生了積極的影響。

2.3 履行責任之挑戰

企業在履行社會責任時可能會面臨多種挑戰，以下是一些主要的挑戰：

1. **內部參與**：ESG 牽涉議題廣泛，若僅由單一部門推動，又缺乏高層支持，內部協調與資訊困難，則較難掌握組織內部實際情況。

2. **溝通落差**：不同部門與專案背景看待 ESG 各個子項目的風險與機會觀點不同，容易造成溝通落差，甚至觀點衝突。

3. **管理數位化**：企業善盡減碳任務或社會責任方案之落實是持續性的工作，需要花費較高的時間和人力成本去追蹤和管理數據，如何善用數位工具提升管理效率是企業需要思考的。

4. **綠領人才短缺**：目前的大專院校缺乏專門培養綠領人才的相關科系，加上 ESG 涉及的工作需要跨領域的整合，然而這樣的訓練是台灣目前較缺乏的，因此企業培養綠領人才，也是目前企業落實綠色轉型的重要工作之一。

5. **量化衡量**：過往報告書中之社會公益的專案投入總缺乏量化的衡量工具，也常常無法與利害關係人清楚說明此專案產生的社會影響力。

6. **策略連貫性**：企業甚少以連貫策略發揮影響力導致散彈打鳥不易產生有意義且持續之效果，尤其通常未結合核心業務殊為可惜。而在編寫社會責任報告書時，往往是以企業形象或公關的立場出發，由企業單方面的揭露公司的「重要成就」，而忽略社會責任報告書其實是企業用來與利害關係人進行溝通的重要工具。

這些挑戰要求企業必須有明確的策略和強有力的執行力，以及持續的創新和改進，才能有效地履行其社會責任。

2.4 提升策略

企業如何精進 ESG 社會面策略？可考慮下面六點：

1. **揭露遵循（Compliance reporting）**：主動監測和管理相關法規遵循、利害關係人重大性議題、風險管理。

2. **投資人才（Traditional talent management that invests in your people）**：企業對員工的栽培，應與當前揭露、期待和利害關係人重大性議題一致。

3. **賦能員工投入永續目標（Enabling employees' personal sustainability goals）**：企業以激勵機制，支持員工於永續議題的作為，甚至鼓勵其發揮創意融入核心業務之創新中。

4. **深化社區議合（Social Impact and community engagement）**：企業作為社會公民積極發揮影響力。

5. **營造互利共榮夥伴關係（Co-create value partnership）**：在商業生態系統中，不同的組織或個體之間建立合作關係，共同創造並分享價值的過程（請參考下節共創價值夥伴關係）

6. **責任採購（Responsible sourcing）**：融合公司治理機制，企業在採購過程中考慮到供應商的 ESG 表現。例如確保供應商符合環保標準、尊重員工權益、有良好的公司治理結構，並且其營運考慮到社會和環境的影響。

7. **責任投融資（Responsible investment and financing）**：透過將 ESG 因子納入投資或融資決策過程中，以評估潛在的風險和機會，甚至善用與被投／融資公司的議合和對話，來降低相關組合的 ESG 風險，保障利害關係人的權益（請參考第 4 章綠色金融）

8. **影響力投資（Impact investing）**：是一種投資策略，這種投資方式強調可衡量的社會和環境效益，並將這些效益視為投資決策的核心部分。期待透過投資活動產生正面的社會和環境影響，同時也追求財務回報（請參考第 4 章綠色金融）。

2.5 共創價值夥伴關係

共創價值夥伴關係是指在商業生態系統中，不同的組織或個體之間建立合作關係，共同創造並分享價值的過程。這種夥伴關係涉及多方利益相關者，包括企業、政府、非政府組織、供應商、顧客、員工等，能以積極合作來解決複雜的社會問題，同時也追求經濟利益。從最日常的友善員工職場環境、公平交易、對利害關係人透明揭露等等，發揮影響力營造正循環的 B2C、B2B、B2G 社會關係。

在共創價值的過程中，各方利益相關者會共享資源、知識和技能，並且在創新和價值創造上相互促進。這種合作模式不僅有助於提升參與者的競爭力，還能夠促進社會進步和環境保護。例如，企業可能會與政府和非政府組織合作，開發可持續的產品和服務，以應對氣候變化和資源短缺的挑戰。

以 B2B（企業對企業）為例[1]，企業常採用以下三種合作模式來實踐共創價值夥伴關係：

1. **成為產業鏈中之價值促進者**：組織轉型擔任產業鏈之價值催化員，設法促成公平合理的勞動力，並積極發展永續的生產模式，催化責任採購理念認同和提升社會責任行動力。如 Vega Coffee 幫助尼加拉瓜和哥倫比亞有機咖啡豆農民簡化供應鏈流程並增加他們收入。

2. **成為經銷管道帶領突破**：組織運用專業知識、技能與資源網絡，研發創新商業模式及運作在地社交網絡，進一步幫助企業拓展，進入原本難以靠近之消費者或市場。如 Kasha 與國際快速消費品牌合作（快速消費品泛指以較低成本進行快速銷售的產品），為女性於盧安達當地提供保密訂購服務，運送個人健康護理用品。

---

[1] 資料來源：CSRone

3. **成為一般企業的 B2B 策略合作人**：組織還可以顧問輔導或策略聯盟等方式，以己之長深入企業的價值鏈和營運，發揮影響力。如 mPedigree 提供保護品牌或消費者的獨特防偽方法，不致因偽冒產品而受害。

這些模式不僅幫助企業在商業上取得成功，同時也推動了社會和環境的正面改變，展現了企業社會責任與商業利益可以相互促進的可能性。

在實踐共創價值夥伴關係的公司中，還有幾個例子值得一提：

1. **嬌生（Johnson & Johnson）和 聯合利華（Unilever）**：這些大型跨國企業已開始探尋與社會企業合作的機會，將社會企業納入其價值鏈。

2. **IKEA**：與 Industree 合作，促進印度及非洲女性工匠所製的產品在市場上順利流通，創造超過 3 萬個工作機會。

3. **Javara**：幫助印尼在地小農、漁夫及食品工匠進入國內和國際市場，維護印尼食品與生物的多樣性。

4. **eKutir**：利用行動平台幫助亞非洲農民獲得重要金融與市場資訊，促進其農場生產量及收入。

5. **FairAgora**：泰國社會企業，提供數位實務解方，協助企業實踐供應鏈社會承諾、永續及公平勞動力等問題。

6. **Timberland**：與社會企業 Other Half Processing 合作，建立永續皮革生產鏈。

這些公司透過與社會企業的合作，不僅推動了社會和環境的正面改變，也為自己的商業模式帶來了創新和競爭優勢。這種合作模式展示了企業可以如何有效地結合商業目標與社會責任，共同創造更大的價值。

評估共創價值夥伴關係的效果可有多種方法進行，主要包括：

1. **目標與價值觀的一致性**：檢查組織設定的目標是否與共創的價值觀保持一致，這可以顯示共創價值觀是否在企業經營中被有效實踐。

2. **品牌形象和聲譽**：評估企業的品牌形象和聲譽，以了解共創價值觀在外界的認可程度。

3. **創新績效**：分析智慧資本和產品創造力對創新績效的影響，並考察價值共創是否在這些變數間存在調節效果。

4. **組織間的互動**：檢視組織間的互動、關係建立過程、資源互補依賴等面向，以及是否達到價值創造使組織間雙贏的效果。

5. **知識分享、技能的交流與價值共創行為**：評估合作是否促進了知識和技能的交流，並提高了組織的學習能力。從策略聯盟的角度探討知識分享與價值共創行為對企業創新績效的影響。

6. **合作成效的量化**：藉由具體的數據來衡量合作帶來的經濟效益，例如銷售增長、市場份額擴大、成本節約等。

7. **社會影響的評估**：評估合作對社會問題解決的貢獻，例如減少貧困、改善教育或衛生條件等。

8. **創新能力的提升**：檢視合作是否促進了新產品、服務或流程的創新。

9. **員工參與度和滿意度**：評估員工對於合作夥伴關係的認同感和滿意度，以及他們在合作過程中的參與程度。

這些方法可以幫助組織評估共創價值夥伴關係的成效，並根據評估結果進行相應的調整和優化。

這些方法有助於組織從不同角度全面評估共創價值夥伴關係的效果，了解共創價值夥伴關係的成效，並根據評估結果進行相應的調整和優化，並為未來的合作提供改進的方向。

另外需注意共創價值夥伴關係的成功關鍵，在於開放和透明的溝通，以及對共同目標的承諾。這要求參與者之間建立信任，並且願意在長期內投入資源和努力。以下是一些成功關鍵步驟：

1. **明確共同目標**：確定所有夥伴都能認同並致力於實現的共同目標。

2. **互補能力**：尋找能力互補的夥伴，以便集結不同的資源和專長來達成目標。

3. **開放溝通**：建立透明和開放的溝通渠道，確保資訊流暢且雙向。

4. **信任與尊重**：培養相互信任和尊重，這是長期合作關係的基礎。

5. **共享價值觀**：確保所有夥伴在核心價值觀和企業責任上有共識。

6. **靈活適應**：在合作過程中保持靈活性，以應對不可預見的挑戰和機會。

7. **共同創新**：鼓勵創新思維，共同開發新的解決方案和業務模式。

8. **衡量成效**：設定可量化的指標來衡量合作的成效，並定期評估進展。

9. **持續改進**：基於評估結果，不斷調整和改進合作策略和過程。

這些步驟有助於建立一個穩固且富有成效的共創價值夥伴關係，進而實現商業成功和社會進步的雙贏局面。

2.6 數位轉型催化社會影響

在當今數位化的浪潮中，數位轉型已成為企業不可或缺的一部分。它不僅改變了企業的營運方式、提升營運效率和創新能力，也為企業實踐社會責任提供了新的途徑和工具。

數位轉型指的是企業利用數位技術改造業務流程、企業文化和客戶體驗以應對市場變化的過程。這過程包括從基礎設施到服務交付的全方位變革，涵蓋且不限於商業轉型和雲計算、大數據分析、物聯網（IoT）等技術的應用。

2.6.1 數位轉型與社會責任的關聯

數位轉型過程不僅涉及技術的應用，更包括企業文化、組織結構和商業模式的轉變。而社會責任則是指企業在追求經濟利益的同時，也考慮對社會和環境的影響，承擔起促進社會福祉和可持續發展的責任。

數位轉型與社會責任之間的關聯在於，數位技術的應用可以幫助企業更有效地實現其社會責任。例如，透過數據分析和雲計算，企業可以更準確地評估其業務對環境的影響，進而制定更為環保的策略和措施。同時，數位轉型還能夠更有效地管理資源，促進資源利用減少浪費，能夠提高透明度，

並促進與利益相關者的溝通，並藉由提供數位化服務履行其社會責任，例如透過數位化減少碳足跡、提高供應鏈的可持續性，以及藉由數據分析改善社會福祉。

2.6.2 數位轉型催化社會責任的實踐

善用數位實踐的方式多元，以下是一些主要切入點：

1. **提高透明度**：數位技術使得資訊共享變得更加容易，企業可以透過社交媒體、網站和其他平台公開其社會責任報告和可持續發展目標，數位工具能夠實時追蹤和報告其對環境和社會的影響，進而增加了對外部利益相關者的透明度，贏得公眾的信任和支持。

2. **促進利益相關者的參與**：數位工具如在線論壇和社交網絡平台，可以促進利益相關者之間的互動和溝通，使他們能夠參與到企業的社會責任活動中，共同推動社會進步。

3. **促進創新**：數位技術鼓勵創新，企業可以開發新的產品和服務來解決社會問題。數位轉型鼓勵創新思維，企業可以開發新的產品和服務來解決社會問題，創新解決方案如利用移動應用促進教育和健康服務的普及。

4. **優化資源配置**：數位技術可以幫助企業更有效地管理其資源，減少浪費，並將資源投入到可以產生最大社會效益的領域。

5. **提高效率**：自動化和數據分析提高了企業的營運效率，使其能夠更有效地利用資源，減少浪費。

6. **改善決策制定**：數位轉型提供了更多數據和洞察力，幫助企業做出更符合社會責任的決策。

2.6.3 數位轉型如何有效發揮影響力

數位轉型的影響力在於其能夠推動企業行為的改變，並對社會產生深遠的正面影響。例如下面幾個運用場景：

1. **綠色供應鏈**：企業利用數位技術優化供應鏈管理，減少能源消耗和廢物產生，實現綠色供應鏈。

2. **智慧城市**：數位轉型推動智慧城市的發展，藉由數位技術改善城市基礎設施，提高居民生活質量。

3. **數位教育**：企業藉由數位平台提供教育資源，促進知識共享和教育公平。

數位轉型藉由以下方式發揮影響力：

1. **擴大影響範圍**：數位平台使企業能夠觸及更廣泛的受眾，擴大其社會責任活動的影響力。

2. **促進合作**：數位工具促進了企業與政府、非政府組織和公眾的合作，共同解決社會問題。

3. **提升品牌價值**：企業藉由數位轉型展示其對社會責任的承諾，進而提升品牌形象和價值。

另外，數位轉型發揮影響力可考量幾個關鍵因素：

1. **持續創新**：企業需要不斷探索新的數位技術和應用，以保持其在社會責任實踐中的領先地位。

2. **跨界合作**：企業應與政府、非政府組織和其他企業建立合作關係，共同開發和推廣能夠解決社會問題的數位解決方案。

3. **教育和培訓**：企業應投資於員工的數位技能培訓，提升其對數位轉型和社會責任重要性的認識和理解。

4. **量化衡量**：企業應建立一套科學的工具和指標，以數字化的方式衡量其社會影響力，並根據評估結果進行策略調整。

複雜且動態變化的商業環境中，數位轉型為企業實踐社會責任提供了新的途徑和工具。藉由數位技術，企業不僅能夠提高營運效率，還能夠在社會責任方面發揮更大的影響力。

未來，數位轉型將繼續在推動社會責任實踐中扮演關鍵角色。[2]

---

[2] 參考文獻：2: 資策會焦點報導 3: The News Lens 關鍵評論網 1: 聯合新聞網 4: 勤業眾信風險諮詢服務 5: 新社會倡議家 6:CSRone

2.7 結論

許多企業在 ESG 中重視環境面（E）與治理面（G）的投入，但忽略了社會面（S）的重要。其實社會責任對企業永續發展至關重要，亦連動環境面與治理面的表現，同時不僅有助於企業自身的成長和成功，共創價值夥伴關係還能進一步讓商業生態系統共生共榮，積極發揮對社會影響力，長期成了企業永續發展最小阻力之路的正循環。

2

社會

治理

—— 林玲如、李奇翰

3.1 治理概要

聯合國全球治理委員會（Commission on Global Governance，簡稱 CGG）界定治理（Governance）係指「各種公共的或私人的個人和機構管理其共同事務的諸多方法的總和，是使相互衝突的或不同利益得以調和，並採取聯合行動的持續過程」，既涵蓋有權要求人們服從的正式制度和規則，也包含各項人們同意或符合其利益的非正式制度安排。

本節所探討的治理，主要聚焦於「公司治理」，係指公司內部結構和運作機制的設計，以確保公司能在各利害關係人的監督下有效運作。良好的公司治理能夠增加公司透明度，提升投資者信心，並促進公司長期發展與永續經營。

企業治理的核心在於如何建立一個能夠保障所有利益相關者權益的管理系統，並確保企業決策過程的合理性和正當性。這包括公司管理高層、主管薪酬、股東權利、資訊透明、風險管理、董事會治理、供應鏈管理等議題。

主要內容如下：

1. **董事會結構與職能**：董事會應具備獨立性，並能有效監督管理層，確保其決策符合公司與股東的最佳利益。董事會組成應該反映出企業的多元化，包括性別、年齡、文化和專業背景的多樣性。

2. **內部控制與審計**：建立有效的內部控制系統和獨立的內部審計機制，以確保企業運作的合規性和透明度。

3. **風險管理**：企業應該有系統地識別、評估和管理各種風險和其機會，例財務風險、法律風險、新科技風險、地緣政治風險、氣候變遷風險和環境風險等等。

4. **透明度與資訊揭露**：企業應該定期向公眾揭露其財務狀況、經營成果和治理實踐，以提高透明度。

5. **股東權利與利益相關者參與**：尊重股東權利（例投票權和獲得公司資訊及提出意見的權利），並在決策過程中考慮其他利益相關者的意見和利益。

近年來隨著全球化和科技的發展，企業面臨著越來越多的治理挑戰。例如，資料保護和隱私成為了新的風險點，企業需要在保護個人資料的同時，也要確保資訊的透明度、可達性和易用性。此外，氣候變化和可持續發展目標（SDGs）的推進也要求企業在治理實踐中加入環境和社會因素的考量。

3.1.1　公司治理與永續發展

治理是永續發展 ESG（Environmental 環境、Social 社會、Governance 治理）中的重要組成部分，它涉及企業管理的透明度、責任、效率和公正度。

在 ESG 框架中，治理是評估企業永續發展的重要指標之一。它不僅涉及財務績效，還包括企業在環境、社會和治理方面的表現。這意味著企業需要在追求經濟利益的同時，也要考慮其對社會和環境的影響，並藉由透明和負責任的治理實踐來展現其對永續發展的承諾。

公司治理不僅涉及財務層面，也與環境和社會責任息息相關。良好的公司治理應支持公司在環境保護和社會責任方面的努力。早期之公司治理偏重經濟面，然而以中長期及系統觀而言，經濟增長和永續發展之間的關係是相互依存的。

永續發展旨在促進長期經濟增長，同時確保未來世代也能滿足自己的需求。這意味著經濟活動應該在不損害環境資源的前提下進行，尤其隨著氣候變遷和科技發展等等，帶來既多且急、衝擊巨大之新興風險，治理之關注不單是財務面。如何弭平企業營運所導致社會承擔的成本代價（負面影響），以及延伸透由發揮正向影響力盡到生命共同體之社會責任，讓企業所依存之大生態系統基石穩健，不致過度擺盪、崩解或變化完全難以因應及調適。藉有效治理支持長期的環境健康和社會福祉，使企業在環環相扣的商業生態系中發展而能有更好的韌性永續。

具體來說，永續發展要求經濟增長模式必須考慮到環境保護和社會包容性。這包括利用再生能源、減少廢物和汙染、促進資源效率和創新，以及確保經濟機會的公平分配。這樣的增長模式有助於創造穩定的經濟環境，減少貧困，並提高生活品質，同時保護地球的生態系統。

聯合國的永續發展目標（SDGs）就是一個典型的框架，旨在將永續發展和經濟增長結合起來。例如，SDG 8：合適的工作及經濟成長，專門聚焦於促進包容且永續的經濟成長，並提供良好的工作機會。這些目標鼓勵國家和企業採取行動，在促進經濟繁榮的同時保護地球，並解決教育、衛生、社會保護和就業機會等社會需求，以及遏制氣候變化和保護環境。這種平衡的方法有助於實現長期的經濟穩定和社會進步。

企業通常會採取一系列具體的治理措施來提升其環境、社會和公司治理（ESG）的表現。以下是一些企業可能採取的具體措施：

1. **環境保護之治理**：企業可能會實施減少碳排放的計劃，提高能源效率，投資再生能源，並優化產品的生命週期以減少對環境的影響。

2. **社會責任之治理**：企業可能會致力於改善勞工條件，提供公平的薪酬和福利，促進產品安全與品質，注重消費者公平待客，管理供應鏈，並參與社區發展和支持社會福利計劃。

3. **公司治理體系之優化**：企業可能會強化其治理結構，確保決策過程的透明度和誠信，並設立有效的風險管理和內部控制系統。

4. **永續報告之揭露**：企業可能會定期發布永續報告，揭露其在 ESG 方面的表現和進展，以及未來的目標和承諾。

5. **利害關係人溝通**：企業可能會與股東、員工、客戶和供應商等利害關係人進行有效溝通，以了解他們的期望和需求，並在決策中考慮這些因素。

6. **ESG 評鑑和數位化**：企業可能會參與 ESG 評鑑，並利用數位工具來收集和分析 ESG 相關資訊，以改善其永續表現 。這些措施有助於企業在經營活動中實現更好的環境和社會效益，同時也能提升企業的整體價值和競爭力。進一步的詳細資訊可以在相關的專業評鑑機構或金融市場監管機構的網站上找到。

經濟增長重視永續發展與的具體執行通常涉及創新的解決方案，這些解決方案在促進環境保護的同時，也支持經濟活動和社會福祉。

以下展示部分方案如何實現這些目標：

1. **城市永續發展**：許多亞洲國家的城市透過提升城市競爭力來實現永續發展，例如，透過綠色建築、低碳交通和城市汙染治理來提高都市環境品質。

2. **永續農業**：推動農業現代化，提高農產品產量和品質，支持小農和農民合作社，以及減少食品浪費，這些措施有助於實現糧食安全和改善農業和食品系統的永續性。

3. **清潔能源**：加強潔淨能源的開發和利用，降低能源消耗和碳排放，推廣節能減碳技術和潔淨能源新科技，這有助於減少對化石燃料的依賴，並降低能源對環境的影響。

4. **永續消費與生產**：推廣綠色消費和循環經濟，強化產品品管和建立標章認證系統，鼓勵企業實行環保和社會責任，這有助於減少生產過程對環境的傷害。

5. **企業永續實踐**：例如關東鑫林科技參與企業好田計畫，支持小農和友善耕作，創造新的連結，這不僅支持了當地農業，也促進了社會和經濟的永續發展。

6. **循環經濟**：循環經濟策略，如提升資源使用效率，將經濟成長與自然資源耗用及環境衝擊脫鉤，這不僅對應到「永續消費與生產」（SDG 12），也是落實其他永續發展目標的關鍵策略。

這些面向的嘗試在全球成果甚佳顯示了永續發展與經濟增長可以並行不悖，透過創新和負責任的實踐，可以在不犧牲環境品質的前提下，實現經濟和社會的進步。

3.1.2 公司治理 3.0——永續發展藍圖

「公司治理 3.0——永續發展藍圖」係金融監督管理委員會（金管會）為提升台灣公司治理水平，推動企業永續發展而制定的框架指引，主在引導企業加強董事會職能、提高透明度、促進利益相關者溝通以及培育可持續發展文化的改革。亟望加強公司治理並與國際規範接軌，提升企業永續價值。

此藍圖經陸續精進已於 2020 年公告版本 3.0。有五大推動主軸：

1. **強化董事會職能**

   - 要求初次申請股票上市櫃之公司、實收資本額達 100 億元以上及金融保險業之上市櫃公司自 113 年起設置獨立董事席次不得少於董事席次之三分之一。

   - 半數以上獨立董事連續任期不得逾三屆。

   - 推動上市櫃公司導入企業風險管理機制。

   - 實收資本額未滿 20 億元之上市櫃公司自 112 年起亦應設置公司治理主管。

- 提供多元化的董事進修規劃、訂定獨立董事與審計委員會行使職權參考範例，以及推動上市櫃公司設置提名委員會等措施。

2. **強化資訊揭露**

- 強化永續報告書揭露資訊，參考國際相關準則。
- 要求實收資本額達 20 億元之上市櫃公司自 112 年起應編製並申報永續報告書，並擴大現行永續報告書應取得第三方驗證之範圍。
- 提升資訊揭露透明度。

3. **強化利害關係人溝通**

- 強化自辦股務公司股務作業之中立性及提升電子投票結果之資訊透明度。
- 調降每日召開股東常會數上限，以保障股東參與股東會之權益。

4. **引導盡職治理**

- 增訂相關盡職治理守則，建立國際投票顧問機構與國內發行公司之議合機制，擴大我國盡職治理之產業鏈。
- 鼓勵機構投資人揭露盡職治理資訊，設立相關評比機制。

5. **企業自發性落實治理及永續發展**

- 規劃建置永續板，推動永續發展債券、社會責任債券及綠色債券等永續發展相關商品。
- 提升公司治理評鑑效度，鼓勵上市櫃公司自發性提升其公司治理品質。

其中為強化資訊揭露透明度，促進企業揭露具重大性之永續議題，特別規範 2023 年起上市櫃公司編製永續報告書[1]，除依據 GRI 準則外，另須參考國際準則 TCFD 氣候變遷相關財務揭露（Task Force on Climate-related Financial

---

[1] 　資料來源：公司治理 3.0——永續發展藍圖.
https://www.sfb.gov.tw/ch/home.jsp?id=992&parentpath=0,8,882,884

Disclosures）及 SASB 永續會計準則（Sustainability Accounting Standards Board）。

接續於 2022 年發布「上市櫃公司永續發展路徑圖」[2]（上市櫃公司於 2027 年完成溫室氣體盤查，2029 年完成溫室氣體盤查之確信）。2023 年更以「治理」、「透明」、「數位」、「創新」四大主軸，發表推動企業永續發展之行動方案，希望進一步引領企業淨零、深化企業永續治理文化、精進永續資訊揭露、強化利害關係人溝通及推動 ESG 評鑑及數位化。

3.1.3　公司治理的實踐

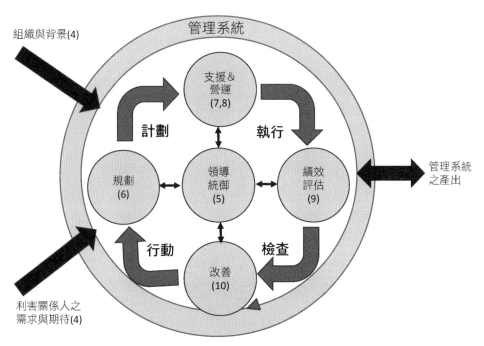

∧　圖 3.1　ISO 管理系統的高階結構
資料來源：ISO

---

[2]　資料來源：上市櫃公司永續發展行動方案. https://cgc.twse.com.tw/responsibilityPlan/listCh

治理的實踐可參考 ISO 管理系統高階結構（HLS）當基礎，採用「規劃、執行、評估檢查、改善行動」PDCA（Plan-Do-Check-Act）之模式，展開如上圖簡述於下，成為持續循環的治理歷程：

4. **組織背景**：了解內部和外部事項、相關利益關係人的需求和期望、管理系統及其應用範圍。

5. **領導**：最高管理階層的責任和承諾、政策、組織職能、角色、責任和權限。

6. **規劃**：管理風險和機會的措施，品質目標，以及實現這些目標的計畫。

7. **支援**：必要的資源、能力、意識、溝通和文件化訊息

8. **營運**：營運規劃和治理。

9. **績效評估**：監控、測量、分析和評估、內部稽核、管理審查。

10. **改善**：針對不合格，提出矯正措施和持續改善。

良好的治理能夠提升企業的信譽，吸引投資者和人才，並促進企業的長期穩定發展。

未實誠地面對並建構有效治理機制，會侵蝕企業價值所賴的基石：以治理不良包括貪污腐敗、管理不善、缺乏透明度和責任感等為例，一些基層治理中的不正之風和腐敗問題，如虛報冒領村集體占地補償款、貪污侵占村集體資金、工作作風粗暴、違規向群眾收費等。這些行為不僅違反了法律和道德規範，也嚴重損害了公共利益和社會信任。這些案例提醒我們，良好的治理結構對於防止權力濫用和提高企業或組織的透明度至關重要。

有效的治理機制可以幫助確保決策過程的公正性，並保護所有利益相關者的權益。防止公司內部腐敗和權力濫用是一個複雜的過程，需要從多個角度進行。

以下是一些關鍵的策略：

1. **風險與機會管理機制**：建立有效的風險管理機制，識別並管理公司面臨的各種風險與機會。亦包括定期風險評估制定防範措施、建構資訊安全管理體系、個資保護機制等。

2. **強有力之內部控制系統**：這包括建立清晰的政策和程序，以及有效的監督和審計機制，以確保這些政策得到遵守。

3. **利害關係人關係管理**：對關鍵利害關係人之權利／責任／關切議題及妥適回應等，應建立符合誠信、合規、公平對待（或交易）之關係管理機制。

4. **透明度和資訊揭露**：公司應該定期向利害關係人及公眾揭露其財務狀況、經營成果和治理實踐，以提高透明度。

5. **獨立的監督機構**：設立獨立的監督機構，如董事會的審計委員會，以監督管理層的行為。

6. **強化合規性遵循**：確保公司的所有業務活動都符合相關法律以及國際準則和最佳實踐等規範的要求。

7. **連結永續發展之創新機制**：推動積極性創新環境、從文化、制度與領導催化商業運作模式、產品／服務／價值鏈變革，朝向經濟／環境／社會均贏之價值轉型。

8. **員工教育和培訓**：教育員工關於公司的價值觀和期望，以及如何識別和報告不當行為。

9. **設立匿名舉報系統**：鼓勵員工在發現不當行為時能夠安全地報告，而不必擔心報復。

這些策略的實施可以幫助創建一個健康的企業文化，減少腐敗和權力濫用的機會。當然，這需要公司高層的堅定承諾和所有員工的積極參與。

3.1.4 公司治理的評估

評估企業的公司治理水準通常涉及以下幾個關鍵構面：

1. **維護股東權益及平等對待股東**：檢查企業是否提供股東會資料的英文版，股東參與股東會的友善度，以及董事參與股東會的情況。

2. **強化董事會結構與運作**：評估董事會的組成，例如獨立董事的比例、董事會多元化政策，以及董事會職能的設置和績效評估。

3. **提升資訊透明度**：審視財務業務及股權資料的公開情況，公司網站提供的資訊，以及英文資訊的可用性。

4. **推動永續發展**：檢視企業是否有永續發展的架構與政策，是否編制永續報告書並取得第三方驗證，以及在社會和環境方面的表現。

通常各構面下有衡量指標會被納入一個綜合的評鑑系統中，並根據企業的表現給予分數。以台灣為例，台灣證券交易所會進行公司治理評鑑，並根據評鑑結果將企業分為不同的級距。其發布的「113 年度（第十一屆）公司治理評鑑指標」涵蓋上述四大構面[2]，共計有 75 項指標。這些指標會定期更新，以反映最新的法規、政策、以及市場趨勢。例如，為了促進永續發展目標，新增了「揭露高階經理人薪資報酬與 ESG 相關績效評估連結之政策」等指標[2]。根據台灣證交所上述的公司治理評鑑結果，有幾家企業在公司治理方面表現優異。例如連續 9 屆評鑑列為前 5% 的上市公司包括裕隆汽車、中華汽車、聯華電子、台積電、統一超商、台灣大哥大、遠傳電信及信義房屋。此外，本年度首次進入前 5% 的上市公司有台灣水泥、聯詠科技、大聯大投控、富采投控及緯穎科技。

由於評鑑的分數計算方式涉及多個構面和指標，每個構面都有其配分權重，並根據企業在各指標上的表現來計算得分。以下是評鑑分數計算的基本步驟：

1. **構面分數計算**：首先，每個構面的分數是根據企業符合該構面指標的數量來計算的。計算公式為：

    構面分數＝（構面總指標數量符合指標數量）× 構面配分權重

2. **總分計算**：將所有構面的分數加總，得到構面總分。然後，根據特定的加分或減分條件，進行調整以得到最終總分。計算公式為：

最終總分 = 構面總分 + 加分項目 − 減分項目

3. **評鑑級距**：根據最終總分，企業會被分配到不同的評鑑級距，例如前 5%、6% 至 20% 等。

這些評鑑標準不僅幫助投資者和其他利害關係人了解公司的治理水準，也促使公司自我改善，以達到更高的治理標準。透過這樣的評鑑系統，可以提升整體市場的公司治理品質，並與國際接軌。進一步的資訊可以在台灣證券交易所的公司治理中心網站上找到[3]。

除了這些官方的評鑑系統，投資者和利害關係人也會根據自己的需求和標準來評估企業的公司治理水準。這可能包括對企業治理報告的分析，或是對企業在特定事件中的行為和反應的評價。透過這些方法，可以對企業的公司治理水準有一個全面的了解。

對於企業的公司治理是否優良，如上所提可多角度地觀察表現，舉例來說，包括如何維護股東權益、董事會的結構與運作、資訊透明度以及永續發展的推動。以下是六家在這些領域表現出色的國際企業：

1. **蘋果公司**：蘋果開始將 ESG 關鍵績效考核納入其年度酬金審核制度中，這項政策旨在激勵高階管理團隊在財務報表上實現優異數字的同時，也落實價值導向策略。

2. **麥當勞**：從 2021 年開始，麥當勞把多元化目標的執行成效納入高階人員的獎金考核，這反映了麥當勞在社會責任方面的承諾。

3. **台積電**：台積電通過發行限制員工權利新股案，將獎酬連結股東利益與 ESG 成效，顯示了其在公司治理方面的創新與承諾。

---

3 資料來源：公司治理評鑑說明｜指標構面、計分方式及重要性全解說.
https://www.tejwin.com/insight/evaluation-system/

4. **台泥**：台泥將公司治理、綠色金融、社會關懷、永續環境等非財務績效面向納入評估範圍，展現了其在永續發展方面的努力。

5. **第一金控**：第一金控將公司治理、綠色金融、社會參與與永續環境等非財務指標作為加分項，這表明了其在整合 ESG 指標與薪酬考核方面的領導地位。

6. **安聯環球投資**：安聯環球投資在公司治理方面表現突出，特別是在將 ESG 因素與管理層薪酬制度相結合的方面。

這些企業案例顯示了它們如何透過創新的策略和政策來提升公司治理的水平，並且在全球範圍內被認為是公司治理的典範。這些企業的做法不僅有助於提升它們自身的競爭力，也為其他企業提供了可效仿的範例。

值得注意的是，公司治理的評價標準和實踐在不同國家和地區可能會有所不同，因此在比較不同國家的企業時，需要考慮到這些差異。投資者和利害關係人可以透過各種公開資源和評鑑報告來了解這些企業的公司治理表現。

3.2　資訊安全

資訊是組織極其重要之無形資產，未正確運用與妥適管理保護，不僅可能因閒置資產減損價值、發生營業祕密／商標權／著作權／專利權／創意等智財折損或商機錯失，甚至會資訊資產被盜致權利喪失或侵犯客戶或關係人隱私之責任風險。

隨著近年駭客技能及 AI 等科技進步、詐騙盛行，對多數組織而言，資訊累積愈多，資訊安全愈是永續治理之重大風險議題。然而更危險的是：多數人並未感知到嚴重性、輕忽或不知不覺，缺乏準備及防禦。「組織只有兩種：知道被駭客攻擊、不知道已被攻擊」是資安專家常提醒的真實。

這裡有三個資安事件是等到「知道」，已是重大衝擊：

1. **Equifax**：在 2017 年遭受了大規模的資訊洩露事件，導致數億用戶的個人信息外洩。這次事件對 Equifax 的信譽造成了嚴重打擊，並且引發了許多法律訴訟。

2. **Yahoo**：在 2013 年和 2014 年遭受了兩次大規模的資訊洩露事件，影響了數億用戶的帳戶。這些洩露事件對 Yahoo 的品牌形象和業務產生了負面影響。

3. **Sony Pictures**：2014 年，Sony Pictures 遭受了一次大規模的駭客攻擊，導致資訊外洩、電影內容洩露和業務中斷。這次事件對 Sony Pictures 的業務運營和聲譽造成了嚴重損害。

然而如果要簡單描述何謂安全？基礎的資訊安全有三要素 CIA 構面；新興之資料科學領域則延伸出 AI 安全模型 CPR 進一步補充。

資訊安全三要素：CIA

- **C 機密性（Confidentiality）**：指資訊只能被授權的人或系統存取，而不能被未經授權的人或系統查看或使用。

- **I 完整性（Integrity）**：防止資訊被非法／不當修改或損壞。可以確保資訊在傳輸或處理過程中不被竄改或毀損，維持資訊的正確性和完整性。

- **A 可用性（Availability）**：確保資訊在需要時可用。能夠隨時存取、使用資訊，而不受任何不當的干擾或中斷。

へ 圖 3.2　資訊安全要求三要素對應三大資訊安全問題
圖源：YouTube https://www.youtube.com/watch?v=_qMfs9l019c

AI 安全模型：CPR

■ **C 保密性（Confidentiality）**：保密性風險涉及模型參數、特徵（Feature）可能有機會被推倒，進而對公司的 Know-how 產生風險

■ **P 隱私性（ Privacy ）**：隱私性風險例如人臉特徵也可以從參數中被反推回來

■ **R 強健性（Robustness）**：強健性則面臨許多關於完整性與可用性的風險議題

3.2.1　個資及資訊安全治理

於永續治理框架中，個資及資訊安全治理指的是企業在處理資料和維護資訊安全方面的策略和實踐。這包括如何收集、使用、存儲和保護資料，以及如何管理和應對資訊安全風險。以下是一些思量關鍵點：

1. **資訊安全管理**：企業必須建立強有力的資訊安全管理系統，以保護公司和客戶的敏感資料免受未經授權的存取和攻擊。

2. **隱私保護**：企業需要遵守相關隱私法規，確保個人資料的合法、公正和透明的處理，並保護個人隱私權。

3. **風險評估與應對**：企業應該定期進行資訊安全風險評估，並制定相應的風險管理策略和應急計劃。

4. **數位轉型與 ESG 目標**：在數位轉型的過程中，企業應該將資訊安全視為實現 ESG 目標的一部分，並將其整合到公司的永續發展策略中。

5. **全球治理趨勢**：企業應關注全球資訊安全治理趨勢，並參考國際標準如 NIST 的網路安全框架，以提升資安管理的成熟度和效能。

6. **零信任安全模型**：採用零信任安全模型，即「永不信任，始終驗證」的原則，以減少網路攻擊的脆弱性。

3.2.2 資訊安全治理實踐之起步

綜合這些考量，企業應該制定完善的資訊安全策略，並遵循相應的規範和最佳實踐，以保護資訊資產並降低風險。

資訊風險係指可能影響資產、流程、作業環境或特殊企業組織之威脅，威脅性質包括財務、法令、策略、科技、資料運用及可能影響企業環境之結果。資訊安全管理系統的**實踐須優先關注 CIA** 三要素有關之風險議題，並注意資訊風險的要素可表現於：

- 外部威脅、內部弱點、需要保護的作業或資訊資產。

- 依據資產之威脅及弱點之影響做成衝擊分析。

- 依管理目標與現實狀況所做之差異分析及評估風險可能發生之機率。

實踐作法為：

1. 風險評估和管理：認識風險，例如常見風險議題（如監督與入侵偵測／病毒防治與偵測／滲透測試／安全架構／基礎建設安全管理／人員安全/身分驗證與存取控制／密碼管理／加密／防火牆與連線安全／平台安全/實體安全／還原計畫／企業永續運作管理等），才知如何管理。

   至少需要做到：

   - 進行定期的風險評估，確定潛在的資安風險。

   - 建立風險管理計畫，包括應對措施和應急計劃。

2. **資訊資產管理**：建立及持續進行資訊資產盤點（得出清單）、資產分類分級及管理、資產價值識別、資產管理作業、資產報廢及處理規範。

3. **法規遵循**：遵守相關的資訊安全法規，例如「資通安全管理法」。這包括制定和執行相應的資安政策、程序和控制措施。

4. **資料保護**：確保處理的資訊受到適當的保護，包括資訊加密、存儲和傳輸的安全性。

5. **身分識別和存取管理**：實施強大的身分驗證和授權機制，以確保只有授權人員可以存取系統和資訊。

6. **教育和培訓**：絕大部分造成資訊安全事件的原因都不是專業技術的層面，而是在人性面上出現的漏洞所致，提供員工及利害關係人有關資訊安全的培訓，使其了解最佳實踐和風險。

7. **技術措施**：對應風險議題以技術支援管制措施，如使用防火牆、入侵檢測系統、漏洞掃描工具等技術來保護系統免受攻擊。以下是一些組織常見技術面需注意的資安風險，或可參考之相應的防護措施：

   - **網路安全**：
     - 威脅：駭客攻擊、DDoS 攻擊、社交工程手段。
     - 防護措施：使用主動式 DDoS 緩解服務、威脅偵測應變服務、網管監控服務、資安顧問諮詢、資安防護架構規劃。

   - **系統安全**：
     - 威脅：系統漏洞、硬體故障。
     - 防護措施：定期資安檢測、強化縱深防護、建立備份策略。

   - **應用程式安全**：
     - 威脅：應用程式漏洞、駭客入侵。
     - 防護措施：定期檢測應用程式漏洞、原始碼檢測、App 認證。

   - **資料安全**：
     - 威脅：資料竊取、損壞、遺失。
     - 防護措施：防災、病毒防護、盜竊防護。

- 雲端安全：
  - 威脅：雲端運算安全風險。
  - 防護措施：選擇可靠的公有雲服務、自建雲服務、混合雲服務。

另外，除了個別企業的資訊安全治理，機構間亦可善用聯防事先即時防範資安風險，例如台灣之金融資安聯防機制：透過金融資安資訊分享與分析中心（F-ISAC）提供金融業在資安防護方面的協助，包括全球資安事件情報的彙整分析、駭客威脅預警和資安專業人員培育。

資安治理是企業在 ESG 實踐中不可或缺的一環，它不僅關係到企業的聲譽和客戶信任，也是企業維護關鍵無形資產與可持續發展的重要基礎。永續經營的研究發現，資訊安全是影響企業永續經營的十大系統性經營風險之一。而資訊安全韌性是永續營運的關鍵能力。為了讓資訊資產更穩健地發揮價值，企業應建立符合 ESG 目標的資訊安全策略，以鞏固企業的永續基石。

3.3 人工智慧治理

人工智慧這個大家現在耳熟能詳的名詞首次出現在 1956 年達特茅斯會議（Dartmouth Conference）中被提出，這場會議由約翰・麥卡錫（John McCarthy）、馬文・明斯基（Marvin Minsky）、納撒尼爾・羅徹斯特（Nathaniel Rochester）和克勞德・香農（Claude Shannon）等人發起，約翰・麥卡錫是這場會議的最初提議者，他當時正任教於達特茅斯學院，本來會議的全名是達特茅斯夏季人工智慧研究計劃，後續大家就簡稱達特茅斯會議。

達特茅斯會議原本是組成一個小組來解釋和改進與思考機器相關的概念，雖說沒有產生任何的結論，但是卻是人工智慧在歷史上一個重要的里程碑，因為這場會議首度提出人工智慧這個名詞，也確定了人工智慧可能作為一門獨

立學科的開始，並確立了人工智慧（AI，後續將以 AI 作為人工智慧之簡稱）之後的研究方向和目標。[4]

不過早期由於大家對 AI 未來的發展有著過高的期望，但當時的 AI 技術卻遲遲未能在複雜的現實世界問題上取得預期的進展，因此產生了後續幾波的 AI 寒冬期，而這些寒冬期也對 AI 的未來發展產生了深遠影響，同時也推動了 AI 技術後續的調整和發展方向的轉變，以下為大家介紹這幾波 AI 寒冬期

- **第一次 AI 寒冬（1974-1980 年）**：早期 AI 的發展引起了對未來 AI 有過高的期望，但當時的 AI 技術未能在複雜的現實問題上取得預期的進展，並且由於技術進展緩慢，政府和私人投資者進而減少了對 AI 研究的資金支持，而研究資金的減少更導致了 AI 項目的縮減和研究人員的流失，這一時期的挫折促使研究者重新評估 AI 的目標和方法，專注於更具體、可行的短期目標。

- **第二次 AI 寒冬（1987-1993 年）**：1980 年代初期，專家系統在商業上取得了一定的成功，但很快的發現局限性變得明顯，無法擴展到更廣泛的應用中，專家系統需要昂貴的硬件，而且維護成本高，這對許多公司來說是不實際的，由於成本過高，企業及投資人對 AI 技術的信心和投資再次降溫，導致資金短缺和研究減少。這一時期促使 AI 轉向更基於數據和機器學習的方法，這些方法後來成為 AI 發展的主流。

- **第三次 AI 寒冬**：雖然有些觀點認為 2000 年代初可能經歷了第三次 AI 寒冬，但這一說法並沒有被普遍接受。其實從 2000 年代初到現在，AI 技術，特別是機器學習和深度學習，具備了前所未有的興起和應用擴展，包含技術突破、可用性的數據增加、計算能力的提升以及新演算法的開發，都為 AI 帶來了一個新的黃金時代。

---

[4] 資料來源：維基百科
https://zh.wikipedia.org/wiki/%E8%BE%BE%E7%89%B9%E7%9F%9B%E6%96%AF%E4%BC%9A%E8%AE%AE

自 2022 年 11 月橫空出世的 ChatGPT 則宣示了新一代的 AI 時期到來，個人認為，這個 AI 狂潮時期的出現是由於現今算力及網際網路環境的成熟，因此才能催生出來，而生成式人工智慧（**Generative artificial intelligence**）的出現為企業帶來了千載難逢的機會，生成式人工智慧對創新、成長和生產力的轉型性影響潛力巨大。這項技術現能夠生成軟體程式、文字、語音、高解析圖片（如 DALL-E 3）以及高解析度影片（如 OPEN AI SORA），對於企業及個人生產力來說影響巨大。

根據麥肯錫的研究估計，生成式人工智慧將有潛力為全球經濟每年創造 2.6 兆至 4.4 兆美元的經濟效益總價值。而非生成式人工智慧則帶來 11 兆至 17.7 兆美元的經濟價值，假設在一家擁有 5000 名客戶服務代理的公司中，生成式 AI 的應用能夠使每小時的問題解決率提高了 14%，並將處理問題所花費的時間減少了 9%，不過在同一份報告中也指出，在詢問如何避免生成式 AI 的風險時，很少有公司真的準備好迎接生成式人工智慧的普及使用，或者面對生成式人工智慧可能帶來的商業風險。只有 21% 的公司已經制定及規範員工使用生成式 AI 技術的政策。[5]

因此，雖然生成式人工智慧將帶來了巨大的商業價值以及減少內部的員工成本，但也造就了後續企業在公司治理上可能所衍生的相關問題。

本節將為讀者介紹幾個國際組織所提出的 AI 治理標準及框架，讀者可參考進而訂定出適合企業內部或是組織適用的 AI 治理原則。

3.3.1 AI 治理的國際原則

由於生成式人工智慧浪潮的影響，國際間對於 AI 的治理越來越重視，聯合國、歐盟等一些國際組織和幾個主要大國也都制定了 AI 原則或是指引，分

---

[5] 　資料來源：麥肯錫官網
　　https://www.mckinsey.com/capabilities/mckinsey-digital/our-insights/the-economic-potential-of-generative-AI-the-next-productivity-frontier#introduction

別強調了 AI 應用的倫理性、透明度和公平性。這些原則旨在引導 AI 的負責任使用，確保在技術進步的同時，也尊重人權和個人隱私。

鑑於 AI 技術的變革性質太快，目前各國所面臨的挑戰是如何在創新和風險規範之間找到平衡。現階段來說，各國在 AI 的治理往往是推出 AI 國家策略或倫理政策開始，而不是一開始就立法。

據 OECD（Organisation for Economic Co-operation and Development）的 AI 政策觀察資料統計，全球 69 個國家與地區中，共有 72 個 AI 監管法規與 78 個資料存取法規正在討論或制定中[6]。

由於 AI 技術發展太快，因此我們可以藉由世界幾個重要組織所訂定出來的框架或是共通性原則來了解如何訂定符合企業本身的 AI 治理方式。

3.3.2 OECD.AI

經濟合作暨發展組織（OECD）於 1961 年成立，總部在巴黎，目前計有 38 個會員國及 5 個擴大參與的國家（key partners，包括巴西、印度、印尼、中國大陸、南非）。OECD 素有 WTO 智庫之稱，主要工作為研究分析，並強調尊重市場機制、減少政府干預，以及透過政策對話方式達到跨國政府間的經濟合作與發展。

2019 年 5 月，OECD 成員國通過了關於人工智慧的建議、OECD 人工智慧原則，這是首個國際政府間關於人工智慧的標準。因此 OECD 人工智慧原則成為了 G20 領導人在 2019 年 6 月所認可的 G20 人工智慧原則的基礎。

OECD.AI 在 2023 年 2 月 23 日發布《促進 AI 可歸責性：在生命週期中治理與管理風險以實現可信賴的 AI》報告，這份報告主要聚焦於如何在人工智慧系統的整個生命週期中實施風險管理方法，以實現 OECD 的 AI 原則。

---

[6] 資料來源：OECD https://oecd.ai/en/about/background

這份報告提出了一個高層次的 AI 風險管理互操作框架，以促進產生出可信賴的 AI 系統。框架中涵蓋了 AI 系統生命週期的各個階段，包括設計、開發、部署和運營。報告中也利用了 OECD 的 AI 原則、AI 系統生命週期和 AI 系統分類框架，以及其他公認的風險管理和盡職調查框架。

此報告中有幾個重點整理如下：

1. **責任和風險管理**：強調 AI 行動者對於其開發和使用的 AI 系統的正確運行負有責任，這包括確保 AI 系統是可信賴的——即對人類有益、尊重人權和公平、透明且可解釋，以及穩健、安全和可靠。確立了責任感和風險管理是推動可信賴 AI 的關鍵要素。

2. **AI 生命週期的風險管理**：詳細說明了在 AI 系統生命週期的每個階段評估和管理風險的過程，包括規劃和設計、數據收集和處理、模型建立和驗證、部署運營和監控。這對於實現可信賴的 AI 至關重要，因為它提供了一個結構化的方法來識別、評估、處理和監控潛在的風險。

3. **推進可信賴 AI 的四個步驟**：概述了推進可信賴 AI 的四個重要步驟，包括定義範圍、評估風險、處理風險、管理風險。提供了一個全面的框架來指導如何在 AI 系統的設計、開發和部署中整合和應用風險管理原則。

4. **促進人類為中心的價值和公平**：強調了在開發 AI 系統時基於人類為中心的價值，包括人權、基本自由、平等、公平、法治、社會正義、數據保護和隱私等原則。確保 AI 系統的行為保護並促進人權，並與人為中心的價值保持一致。

5. **透明度和可解釋性**：文件強調透明度和可解釋性對於建立公眾對 AI 系統的信任至關重要。包括向所有相關利益相關者提供足夠的信息，以理解 AI 系統的運作方式和做出的決策。

這份文件強調了實現可信賴 AI 的關鍵要素，包括責任、風險管理、以人為中心的價值、透明度和可解釋性，以及如何在 AI 系統的整個生命週期中管理這些要素。[7]

---

[7]　資料來源：OECD https://oecd.ai/en/accountability

3.3.3　世界經濟論壇「人工智慧治理聯盟」

世界經濟論壇於 2023 年 6 月成立了人工智慧治理聯盟，這是一項將產業領袖、政府、學術機構和民間社會組織聚集在一起的開創性合作。人工智慧治理聯盟（AI Governance Alliance，簡稱 AIGA）誕生於 2023 年 4 月「負責任的 AI 領導力：生成式 AI 全球高峰會」。

人工智慧治理聯盟旨在促進國際合作，並確保人工智慧技術得到負責任和符合道德標準上的使用，主要包含「安全系統和技術」、「負責任應用與轉型」和「彈性治理和監管」等三個核心工作小組，採用全面的端到端方法來應對關鍵的人工智慧治理挑戰和機會。該聯盟致力於透過團結不同的觀點和利益相關者來促進多樣性，促進相關辯論、構思和實施策略更加成熟，以實現包容性和可持續的長期解決方案。

AIGA 在 2024 年 1 月 18 日 WEF 年會中，發布了（AI Governance Alliance:Briefing Paper Series），整份簡報是由三份簡報組成，根據人工智慧治理聯盟的三個工作組區分為主題類別。

1.　《Presidio 人工智慧框架：邁向安全的生成式人工智慧模型》：這項簡報由安全系統和技術部門與 IBM 諮詢合作開發，分析了生成式人工智慧帶來的挑戰和機遇，並強調了其缺乏標準化觀點等模型生命週期中存在的問題。Presidio 人工智慧框架的引入作為基石，倡導透過強大的護欄進行早期風險識別、共擔責任和主動的風險管理。

2.　《從生成式人工智慧中釋放價值：指導負責任的轉型》：這項簡報由責任應用程式和轉型部門與 IBM 諮詢合作開發，探討了 OpenAI 推出 ChatGPT 後生成式人工智慧的快速應用和影響。它建議基於用例的評估，強調多利益相關方治理、透明溝通、營運結構和基於價值的變革管理對於負責任的生成式人工智慧實施的重要性，為領導者提供了可擴展且負責任的融入組織的指導。

3. **《生成式人工智慧治理：打造全球共同未來》**：本文由彈性治理與監管部門與埃森哲合作編寫，旨在引領全球人工智慧治理格局，並強調國際合作與包容性准入的必要性。它評估國家方法，解決有關生成式人工智慧的關鍵辯論，並倡導國際協調和標準以防止分裂。

表 3.1　AI 治理方法摘要（資料來源：人工智慧治理聯盟）

治理方法	基於風險	基於規則	基於原則	基於結果
定義	著眼於評估和降低潛在風險，尤其是評估可能因 AI 系統產生的風險	制定詳細和特定規則、標準和／或要求用於 AI 系統	制定原則或指導方針，引導 AI 系統的運作，留給細節實施的具體安排	著眼於實現可測量的 AI 相關成果，定義應遵循的或禁止的特定行為
優點	針對特定領域量身定制 風險歸屬合適 對於風險評級靈活	潛在的規範復雜度 可能實施一致性	旨在促進創新適應性強 便於共享最佳實踐	可支持效率 旨在促進創新 有潛力成本效益高
挑戰	風險評估可能複雜 可能會造成市場對高風險實體的進入障礙 評估和執行可執行性可能會是複雜的	僵化可能增加合規成本 可能不易於實施	潛在原則不一致的解釋 預測性差 監管和執行可行性有限 有被濫用的潛力	可測量結果的範圍可能不確定 潛在的分散責任 監控和透明度有限
例子	歐盟：人工智慧法草案（2023 年初步協議）	中國：生成式人工智慧服務管理暫行辦法（2023年的生成性 AI 服務）	加拿大：自願性行為準則（指導原則，2023 年人工智慧）	日本：人工智慧治理實施細節（AI 原則，2022年 1 月 1 日）

3

治理

以下是這份簡報的重點整理：

1. **轉型與創新**：AI 正引領全球多方面的轉型，特別是在生成式 AI 的最新進展上。它正在從醫療保健到娛樂業重塑各個行業，顯示出治理在確保這些技術為社會帶來好處方面的重要性。

2. **道德發展的協作努力**：世界經濟論壇 AI 治理聯盟（AIGA）強調了跨領域協作以確保 AI 負責任地開發和部署的需求。行業、政府、學術界及民間社會的協作對於處理 AI 引入的道德複雜性至關重要。

3. **全面性 AI 治理方法**：該聯盟專注於三大核心工作流程：安全系統與技術、負責任的應用和轉型、以及彈性治理與規範。這種方法確保從開發階段到應用以及更廣泛的監管環境中都考慮到治理。

4. **全球努力與多元性**：AIGA 匯集了多元化觀點，以對全球 AI 治理採取相關的方法，強調多元化的輸入對創建有意義且持久的 AI 治理解決方案至關重要。

5. **進入和包容**：該聯盟積極工作，以提高對 AI 資源（如數據和模型）的訪問，特別是對於未充分服務的地區，並強調在 AI 治理討論中包含通常代表性不足的聲音的重要性。

6. **指導負責任的 AI 發展**：AIGA 的洞察旨在指導決策者以維護人類價值並促進包容社會進步的方式開發、採用和治理 AI。

7. **端到端的 AI 生命週期觀點**：文件強調了從開發到部署及其後的整個 AI 生命週期的重要性，以確保全面治理。

8. **生成式 AI 的風險**：文件指出，雖然生成式 AI 擁有巨大潛力，但也帶來了如產生幻覺、濫用和有害輸出等風險，需要在創新、安全和倫理之間取得平衡。

9. **共同責任的重要性**：文件提倡共同責任模型，其中 AI 價值鏈中的所有利害關係者參與早期風險識別和積極風險管理。

10. **強調實際應用**：文件中呈現的 Presidio AI 框架提供了一種結構化的方法，以安全負責任地開發、部署和使用 AI，突顯了實際應用治理原則的重要性。[8]

3.3.4 歐盟人工智慧法案

該項法案由歐盟執委會在 2021 年 4 月 21 日提議，並在 2023 年 6 月 14 日獲得歐盟通過。2023 年 12 月 8 日，歐洲議會、歐盟成員國和歐盟執委會三方就《人工智慧法案》達成協議，並於 2024 年 3 月 13 日歐洲議會投票通過。

歐盟的人工智慧法案（以下簡稱 AI Act）是全球首個全面的人工智慧法律框架。新規定的目標是在歐洲及其他地區促進可信賴的人工智慧，確保人工智慧系統尊重基本權利、安全和道德原則，並解決強大且具有重大影響力的人工智慧模型的風險。

隨著生成式人工智慧的爆炸性增長，人們也廣泛要求歐盟人工智慧法案來規範這些技術。這包括通用人工智慧、生成式人工智慧和原始草案文本中未包含的基礎模型。

歐盟議會和理事會普遍選擇為這些人工智慧系統制定單獨的規則。根據目前的語言，基礎模型的提供者在公開模型之前必須滿足某些風險緩解要求。這些要求包括資料治理、安全檢查和訓練資料的版權檢查。提供者還必須考慮消費者權利、健康和安全、環境和法治方面的風險。

另外 AI Act 也對 AI 系統定義了 4 個風險等級，按風險等級分為，**不可接受的風險、高風險、有限風險和低／最小風險**，並描述了每個風險等級的文件、稽核和流程要求。

---

[8]　資料來源：世界經濟論壇

https://www.weforum.org/publications/ai-governance-alliance-briefing-paper-series/

不可接受風險，例如政府單位的社會評分將被直接禁止；**高風險系統**，例如預測性警務或邊境控制需要遵守特定要求；而**有限風險和低／最小風險**的 AI 系統則不會面臨同樣的義務，但仍被鼓勵自願遵守。

在 2024 年 5 月 12 日此法案已獲得會員國同意，由歐盟理事會通過，成為全球第一個人工智慧監管法規。該法案將於在歐盟官方公報上發布 20 天後生效，但並非所有的條文都會在該日期立即生效。而法案禁止項目則會從正式生效 6 個月內適用；行為守則將在九個月後生效；一般用途的 AI 規則將在 12 個月後生效；對於高風險系統的義務則將在 36 個月後生效。

要特別注意的是罰則部分，未來如果企業的人工智慧服務要在歐盟境內推行或使用，無論企業營運商或系統主機服務位於何處，企業都將受到該法律的約束，違反此法的廠商將被處 750 萬至 3500 歐元（約台幣 2.6 億至 12 億元）或企業全球營收 1.5% 至 7% 範圍內的罰款，因此台灣的相關 AI 服務業者，如果有計畫未來要提供全球性的 AI 服務，就一定要好好的了解並遵守這個全球第一個發布的《人工智慧法案》。[9]

3.3.5　ISO/IEC 42001:2023

國際標準化組織（International Organization for Standardization，簡稱 ISO），是制定全球工商業國際標準的機構，原本並無相關於 AI 的標準（之前推出的 ISO 27001 算是比較相關），不過由於 AI 對於產業未來發展影響甚鉅，ISO 組織終於在 2023 年 12 月推出了 ISO/IEC 42001:2023 標準。

ISO/IEC 42001:2023 定義了組織在建立、實施、維護和持續改進人工智慧管理系統（AI Management System，簡稱 AIMS）方面的要求。它針對提供或利用基於人工智慧的產品或服務的實體，確保負責任的人工智能系統的開發和使用。

---

[9]　資料來源：歐洲議會
　　https://digital-strategy.ec.europa.eu/en/policies/regulatory-framework-ai

這是全世界第一個推出的 AI 系統標準，這項標準提出了一個全面的框架，專注在建立、實施、維護以及持續改善人工智能（AI）管理系統，其中包括了對企業組織及其 AI 系統相關活動的詳細考量，內容包含從理解組織及其背景、領導力的展現、規劃、支持、運營到績效評估和持續改進等各個層面。

《ISO/IEC 42001:2023》的核心在於其詳細的要求和流程，主要在確保組織能夠建立健全的 AI 政策，並且明確定義角色和責任，進行全面的風險評估，並承諾持續改進。該標準提倡「計劃、執行、檢查、行動」（PDCA）方法論，強調一種戰略性和循環性過程，這一過程能夠無縫整合進入企業的運營節奏中。這種方法論確保 AI 系統不僅有效，而且在透明性、可靠性和道德完整性的框架內運作，此外，對 AI 系統的持續監控和評估也是確保 AI 系統能夠持續符合組織目標和社會責任的關鍵。

ISO 42001 採用 Annex SL 架構（一種 ISO 管理系統的高階架構，能確保各個管理系統標準是使用一致的核心文本、術語及定義去做制定）。

這邊為大家整理出 ISO 42001 這個標準的幾個重點：

1. **組織與其背景理解**：深入理解組織及其運營背景對於制定有效的 AI 管理系統至關重要。這有助於組織識別影響其目標達成的內外部因素，進而做出更加符合實際情況的策略和決策。

2. **領導層的承諾與政策**：領導層的積極參與和對 AI 政策的承諾對於建立一個負責任和有效的 AI 管理系統至關重要。這體現了組織對於負責任使用 AI 的嚴肅態度和決心。

3. **風險評估和處理**：識別、評估和處理與 AI 相關的風險是確保組織能夠避免或減少不良影響，並最大化 AI 應用價值的關鍵。

4. **AI 系統影響評估**：評估 AI 系統對個人、群體和社會可能產生的影響，有助於組織採取適當措施，以保障相關利益方的利益和權益。

5. **目標設定與計劃實施**：明確設定與 AI 相關的目標並制定實現這些目標的計劃，是推動組織持續改善和創新的驅動力。

6. **資源分配**：為 AI 系統分配必要的資源，包括人力、技術和資金等，確保 AI 項目的順利實施和維持。

7. **能力提升與意識提高**：通過培訓和教育提高從業人員對 AI 重要性和負責任使用 AI 的認識，對於促進組織內部的負責任文化非常關鍵。

8. **內部溝通與外部溝通**：有效的溝通機制可以幫助組織內部人員理解 AI 政策和目標，同時也使外部利益相關者了解組織的 AI 使用和管理實踐。

9. **監控、測量和評估**：定期對 AI 系統的性能進行監控、測量和評估，對於持續改進 AI 系統的運行效率和效果至關重要。

10. **持續改進**：組織應致力於 AI 管理系統的持續改進，以應對技術進步和變化的外部環境，保持其管理系統的相關性和有效性。

《ISO/IEC 42001:2023》標準所提供的指導原則以及治理框架，是幫助企業或組織能夠負責任地開發、實施和管理 AI 系統的重要工具。通過遵循這些原則，企業不僅能夠確保其所開發的 AI 應用具備負責任和有效性，還能促進組織內部具備負責任和持續改進的企業文化，進而在利用 AI 技術帶來的巨大機遇的同時，能夠更有效的管理 AI 相關風險，進而保護個人和社會的福祉。

3.3.6　美國國家標準暨技術研究院的 AI 風險管理框架

美國國家標準暨技術研究院（National Institute of Standards and Technology，簡寫為 NIST）是一家測量標準實驗室，屬於美國商務部的非監管機構。NIST 旨在培養對人工智慧（AI）技術和系統的設計、開發、使用和治理的信任，以增強安全性和改善生活品質。 NIST 專注於改進測量科學、技術、標準和相關工具，包括評估和數據。

NIST 的人工智慧目標包括：

1. 進行基礎研究以推進值得信賴的人工智慧技術。

2. 在 NIST 實驗室專案中應用人工智慧研究和創新。

3. 建立基準、數據和指標來評估人工智慧技術。

4. 領導並參與人工智慧技術標準的製定。

5. 為人工智慧政策的討論和製定貢獻技術專業知識。

NIST 於 2023 年 1 月 26 日發表了（Artificial Intelligence Risk Management Framework，以下簡稱 AI RMF），該框架由美國國會指示美國商務部國家標準與技術研究院（NIST）共同制定，目的是要提供設計、開發、部署和使用人工智慧系統的指南，降低應用人工智慧技術的風險。

AI RMF 提供了一個靈活、結構化且可衡量的流程，使組織能夠應對 AI 風險。遵循這項管理人工智慧風險的流程可以最大限度地發揮人工智慧技術的優勢，同時減少對個人、團體、社區、組織和社會產生負面影響的可能性。

AI RMF 分為兩部分。第一部分討論組織如何建構與人工智慧相關的風險，並概述值得信賴的人工智慧系統的特徵。第二部分是該框架的核心，描述了四個具體功能——治理、映射、測量和管理，以幫助組織在實踐中解決人工智慧系統的風險。這些功能可以應用於特定於上下文的用例以及人工智慧生命週期的任何階段。

AI RMF 強調了一個靈活且持續進化的方法來應對與人工智能系統相關的風險。這個框架設計的目標是幫助組織在設計、開發、部署和使用 AI 系統的過程中，有效地管理風險，進而促進 AI 系統的可信賴性和負責任的使用。重點在於明確的風險識別、評估、優先順序的確定、以及風險處理策略的實施，同時還包括了對社會責任和可持續性的強調。這個框架為負責任的 AI 實踐提供了結構性的導向，而不再是個口號，並為企業如何在不斷變化的 AI 技術中提供了可以管理風險的方法。

從實施的角度來看，該框架強調了跨學科團隊的重要性、與 AI 生命週期相關各階段的明確角色和責任，以及對風險管理文化的重視。此外，也強調了與相關 AI 利益相關者的積極參與，包括公眾、客戶和社會各界。

3.3.7 台灣人工智慧法草案

國科會於 2024 年 7 月 15 日公告將制定「人工智慧基本法」草案，草案預告期間自即日起至 9 月 13 日止，將持續蒐集各界意見，以完備內容。

此「人工智慧基本法」草案揭示永續發展、人類自主、隱私保護、資安與安全、透明可解釋、公平不歧視及問責等七大基本原則，以及創新合作及人才培育、風險管理及應用負責、權益保障及資料利用、法規調適及業務四大推動重點。

由於截至筆者截稿前，此法案尚為草案階段，建議讀者可持續關心後續發展。

3.4 結論

治理是企業健康發展永續的關鍵，一個良好的治理結構能夠幫助企業在瞬息萬變的商業環境中保持競爭力，並為所有利益相關者創造價值。隨著全球對永續發展的重視日益增加，公司治理之國際趨勢將更加注重 ESG 的整合與實踐。同時科學方法、實踐框架與技術進步的影響，特別是資訊科技的發展，將對公司治理帶來新的挑戰與機會。

總結來說，公司治理是企業成功的關鍵因素之一，它涉及廣泛的領域，從內部控制到對外資訊揭露，從法律合規到社會責任。在全球化和數位化的今天，公司治理更顯重要，它不僅影響企業自身的發展，也對投資者、員工、客戶以及整個社會產生深遠的影響。此潮流亦形成可持續投資（將環境、社會和公司治理等 ESG 因素納入投資決策的過程）的興起，治理將繼續成為企業評估和改善的重點領域。隨著永續發展成為全球共識，公司治理將持續演進，以滿足新的挑戰和機會，成為推動企業和社會向前邁進的強大動力。

永續金融

—— 林玲如

4.1 概述

永續金融（Sustainable Finance）是一種將環境、社會和公司治理（ESG）原則融入金融服務和決策過程中的理念。它的目標是促進經濟的長期健康和社會福祉，同時減少對環境的負面影響。永續金融的核心精神在於創造一個更加公平、包容且有彈性的經濟體系，這個體系能夠支持當前和未來世代的需求。簡單地定義永續金融，則是指在金融決策過程中，將環境、社會和治理（ESG）因素納入考量的一種金融活動。其目標是促進資源的有效配置，以支持環境保護、社會責任和良好治理，並實現長期的經濟穩定與包容性成長。

4.1.1 永續金融的緣起與核心精神

永續金融的概念起源於二十世紀末，當時人們開始意識到環境問題和社會不平等對經濟的長期影響。隨著全球暖化和資源枯竭的威脅日益加劇，政府、企業和民間組織開始尋求解決方案。在這個背景下，永續金融作為一種新的

金融模式應運而生，強調在追求經濟利益的同時，也要考慮環境保護和社會責任。永續金融的核心精神可以概括為：

1. **長期價值創造**：永續金融強調投資應該追求長期的價值，而不僅僅是短期的利潤。

2. **綜合風險管理**：將 ESG 因素納入風險管理，以識別和減輕可能影響投資回報的長期風險。

3. **透明度和責任**：提高金融活動的透明度，並對投融資結果承擔責任，特別是在社會和環境影響方面。

4. **促進包容性增長**：支持那些能夠促進社會包容性和經濟平等的企業和項目。

5. **環境保護**：投資於那些有助於減少對環境的負面影響，並支持永續發展的企業和項目。

永續金融的發展經歷了從早期的環境和社會責任投資（SRI）到現在更加全面的 ESG 整合策略。在過去的幾十年裡，永續金融已從一個邊緣概念轉變為主流金融活動的一部分。許多國家和國際組織已經制定了相關的政策和標準，以推動永續金融的實踐。

4.2 國際政策規範

從發展重要歷程來看，永續金融的發展歷程是一個持續演進的過程，國際相關的政策主要經歷了以下階段：

1. **早期發展**：永續金融的概念起源於 20 世紀末，當時主要集中在環境保護和社會責任投資上。這一時期，永續金融主要由非政府組織和倫理投資基金推動。

2. **國際合作與規範**：2000 年代初，國際間開始出現對永續金融的共識和合作。例如，聯合國環境計劃金融倡議（UNEP FI）和全球報告倡議（GRI）等組織的成立，推動了永續金融的國際合作和標準制定。

3. **政策制定與實施**：隨著全球對永續發展的重視日益增加，許多國家和地區開始制定相關政策和法規。例如，歐盟的綠色金融行動方案和永續經濟活動分類標準（EU Taxonomy）的推出，為永續金融提供了政策框架和實施指南。

4. **市場發展與創新**：開放及鼓勵產品創新之政策陸續推出，永續金融市場規模不斷擴大，綠色債券、永續發展債券等金融產品逐漸增多，為永續發展項目提供了資金支持。同時，金融科技的發展也為永續金融帶來了創新和效率提升。

5. **氣候變遷與碳排放**：近年來，氣候變遷和碳排放成為永續金融的核心議題。國際組織和金融機構開始重視氣候相關風險管理，並推動氣候相關財務揭露工作小組（TCFD）的建議和實施。

這個歷程反映了國際社會對於永續發展重要性的認識不斷提升，以及金融市場在推動永續發展方面所扮演的關鍵角色。

4.2.1 參考標準和框架

如上節 2、3 點所述規範與政策之推動，得力於數個長期耕耘頗有眾望之國際組織，以下是部分組織：

1. **聯合國永續證券交易所倡議（Sustainable Stock Exchanges Initiative，簡稱 SSEI）**：這是一個由聯合國支持的平台，旨在提供一個全球性的交流場所，讓證券交易所能夠分享最佳實踐，並在永續發展方面進行合作。卡達證券交易所就是加入 SSEI 的成功案例之一。

2. **氣候相關財務資訊揭露工作小組（TCFD）**：TCFD 提供了一套氣候相關財務資訊的揭露框架，幫助企業提供更加透明的氣候相關風險和機會資訊。這個框架已經得到全球多個國家和地區的支持和採用。

3. **國際永續發展標準委員會（ISSB）**：ISSB 致力於制定全球共通的永續發展資訊公開最低水準，以滿足投資者的資訊需求，並使企業向全球資本市場提供全面的永續發展資訊。它的標準獲得了 G7、G20 等國際組織的支持。

這些組織透過制定標準、提供平台和工具,以及促進國際間的合作,對永續金融的推動起了關鍵作用。它們的努力有助於引導全球資金流向更永續的投資,並應對氣候變遷等環境挑戰。這些成功框架案例也為其他組織提供寶貴的經驗和參考。另外這些國際組織發揮永續發展精神,收集標準之使用情形持續改善,例如 IFRS 基金會成立 ISSB 以促進永續資訊揭露基準(global baseline)全球能漸趨一致,並於 2023.6.26 發布 IFRS 永續揭露準則(S1 及 S2),整合了 TCFD、SASB 及 CDSB 等永續揭露標準。

ESG 標準的制定過程涉及多個層面,包括國際組織、行業協會、監管機構以及利益相關者的參與。以下是 ESG 標準制定的一般步驟:

1. **需求識別**:首先,需要識別出制定 ESG 標準的需求,這通常來自於市場參與者對於透明度、責任和永續性的要求。

2. **利益相關者參與**:制定標準的過程中會廣泛徵求利益相關者的意見,包括企業、投資者、非政府組織、學術機構等。

3. **草案制定**:專家小組會根據收集到的意見和現有的最佳實踐來制定標準草案。

4. **公開諮詢**:將草案公開,讓更廣泛的公眾和利益相關者提供反饋。

5. **試行和修訂**:根據公開諮詢的結果,對標準草案進行修訂,並在一定範圍內進行試行。

6. **最終確認**:經過多輪修訂和試行後,最終確認標準的內容。

7. **發布和實施**:正式發布 ESG 標準,並推動企業和組織實施。

8. **持續更新**:隨著市場和技術的發展,ESG 標準會定期更新,以保持其相關性和有效性。

例如,歐盟永續金融分類標準(EU Taxonomy)的建立就是為了配合歐盟擴大永續發展投資,以及實施《歐洲綠色政綱》的一部分。這些標準的制定過程通常需要時間,並且需要各方的共同努力和協商。這些標準一旦制定,將有助於企業和組織評估和報告其在環境保護、社會責任和公司治理方面的表現,並為投資者和其他利益相關者提供重要的信息。透過這些標準,可以促進更加透明和負責任的商業實踐,進而支持全球的永續發展目標。

永續金融相關規範

永續發展的實踐和成效的評估，可從金融及投融資視角檢視。金融市場的基本功能之一是透過風險定價以協助訊息充分、有效率的資本配置決策

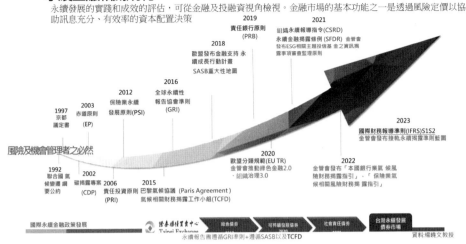

∧ **圖 4.1 永續金融相關規範**
圖源：楊曉文老師簡報

此一系列與永續金融相關的標準和框架相當多，如上圖示意擇重點簡述：

- **CDP**：前稱為碳揭露計畫，現在是一個全球性的環境影響披露平台，幫助公司、城市、州和地區披露其對氣候變化、水安全和森林破壞的影響。

- **EP**：赤道原則是一套國際金融業界廣泛認可的風險管理框架，用於確定、評估和管理環境和社會風險。藉由赤道原則，金融機構可以對大型基礎建設專案進行嚴格的環境和社會風險評估，並採取相應的風險管理措施。

- **PRB**：原則負責銀行（Principles for Responsible Banking），由聯合國環境計劃財務倡議（The United Nations Environment Finance Initiative，簡稱 UNEP FI）提出，旨在將銀行業務與社會目標相結合。

- **PSI**：原則負責保險（Principles for Sustainable Insurance），也是 UNEP FI 的一部分，旨在引導保險業實現更加永續的業務模式。

- **PRI**：負責任投資原則（Principles for Responsible Investment），是一個國際投資者網絡，旨在實現永續的全球金融體系。

- **SFDR**：永續金融披露法規（Sustainable Finance Disclosure Regulation），是歐盟的一項法規，要求金融市場參與者披露有關永續性風險的信息。

- **CSRD**：企業永續報告指令（Corporate Sustainability Reporting Directive），是歐盟的一項法規，旨在改善和擴大企業的永續性報告。

- **GRI**：全球報告倡議組織（Global Reporting Initiative），提供了一套廣泛採用的永續性報告標準。

- **SASB**：永續性會計標準委員會（Sustainability Accounting Standards Board），幫助企業識別、管理和溝通對投資者具有財務影響的永續性信息。

- **TCFD**：氣候相關財務信息披露工作組（Task Force on Climate-related Financial Disclosures），提供了一套氣候相關財務信息披露的建議框架。

- **IFRS**：國際財務報告準則（International Financial Reporting Standards），是一套國際會計準則，旨在提供高品質、可理解和可執行的全球財務報告框架。

這些項目於永續金融的實踐中，提供了相關標準和框架，幫助組織在財務報告中整合永續性考量，進而促進對環境和社會責任的透明度和責任。這些標準和框架使投資者能夠更好地評估公司的永續性表現，並在其投資決策中考慮永續性風險和機會。這樣的披露和報告也有助於推動更永續的經濟模式和金融市場的發展。

永續金融在國際上被視為推動環境保護、社會責任與公司治理（ESG）的重要工具。面對永續發展的挑戰，各國政府多已提出多種策略偕同金融機構來克服這些挑戰，包括：

1. **碳排放盤查**：金融機構需要了解自身及投融資部位的溫室氣體排放情形，以制定中長程減碳目標及策略。

2. **風險管理**：金融業者應評估及辨識氣候變遷對個別金融業者及整體市場可能帶來的風險及可能影響。

3. **永續經濟活動認定指引**：鼓勵企業據以擬訂轉型計畫，並鼓勵金融業納入投融資決策參考。

4. **資料整合**：透過整合及優化氣候變遷及 ESG 相關資訊與數據，以利金融機構分析運用。

5. **專業訓練**：推動金融機構強化訓練及培育永續金融人才。

此外，金融業者也被建議預防「漂綠」行為，降低責任風險，並發展與氣候變遷相關的具體策略目標和關鍵績效指標。這些策略的實施有助於金融業在推動永續發展方面發揮更大的作用。

4.2.2　台灣政策推動情形

國際推動永續金融標準的工作由多個國家和組織共同參與，但在這方面起到領導作用的是歐盟。歐盟在 2020 年率先發布了「歐盟永續分類規則」（EU Taxonomy），詳細地制定永續相關的分類和規範去推動國內永續發展。這些規範有助於引導資金流向促進達成六大環境目標的標的，並從 2022 年開始實施這些目標。歐盟另推出「碳邊境調整機制」（CBAM），旨在碳有價化，並以此機制引導各國及企業處理碳溢出的問題，訂於 2026 年開始申報，以推動低碳轉型和永續金融發展。

除了歐盟，其他國家和地區如新加坡、日本和香港也陸續成立組織和設立規範加速永續金融的發展。如新加坡在 ESG 金融科技相關利害關係者合作上建立暢通溝通管道，並在金融科技發展中特別強調綠色永續金融科技領域的推廣應用。

在國際標準化組織（ISO）方面，也有提出永續金融相關的標準和指南，例如 ISO 14001，它為各組織提供了一個建立有效維護環境管理系統的框架。

台灣方面，金融監督管理委員會（簡稱金管會）推出了「綠色金融行動方案3.0」，旨在整合金融資源，支持淨零轉型，並推動金融業瞭解自身及投融資部位的溫室氣體排放情形，促進金融業主動因應及掌握氣候相關風險與商機。

整體而言，永續金融政策的推動是一個全球性的努力，多個國家和組織都在這方面做出了貢獻，並且持續進行中。身在台灣，自然可以對台灣的永續金融重要政策先初步了解。

綠色金融行動方案 3.0

金管會為促進金融業的永續發展和淨零轉型已推出數個版本的綠色金融行動方案，並自較小範圍之綠色金融，更向國際之永續金融接軌，所以雖然名稱沿用綠色金融，現行版本係 2022 年 9 月 26 日發布之 3.0 版，實質意涵與範疇其實是更廣義的永續金融。

「綠色金融行動方案 3.0」旨在透過五大推動重點來促進金融業支持永續發展並協助淨零轉型。這些重點包括：

1. **推動金融機構碳盤查及氣候風險管理**：鼓勵金融機構了解自身及投融資部位的溫室氣體排放情形，並主動因應氣候相關風險與商機。

2. **發展永續經濟活動認定指引**：透過指引協助企業擬定轉型計畫，並鼓勵金融業將此作為投融資決策的參考。

3. **促進 ESG 及氣候相關資訊整合**：強化資訊揭露品質及透明度，建立永續分類標準，並引導金融機構支援綠色及永續發展。

4. **強化永續金融專業訓練**：提升金融機構人員對永續金融的理解與實踐能力。

5. **協力合作凝聚淨零共識**：透過跨部門合作，共同推動永續金融發展，支持國家達成淨零排放目標。

這個行動方案是在先前版本的基礎上，進一步強化金融市場對永續發展的重視，並支持台灣轉型至低碳或零碳經濟。

對台灣金融業的影響

「綠色金融行動方案 3.0」對台灣金融業的具體影響主要在幾個方面：

1. **碳盤查及氣候風險管理**：金融機構將被鼓勵進行自身及投融資部位的溫室氣體排放盤查，並積極管理氣候相關風險與商機。

2. **永續經濟活動認定指引**：透過這些指引，企業可以擬定轉型計畫，金融業則可將其作為投融資決策的重要參考。

3. **ESG 及氣候相關資訊整合**：金融機構將需要提升資訊揭露的品質與透明度，並支援綠色及永續發展。

4. **專業訓練強化**：金融機構將加強員工對永續金融的理解與實踐能力的培訓。

5. **淨零共識的凝聚**：透過跨部門合作，金融業將共同推動永續金融發展，支持國家達成淨零排放目標。

這些措施將有助於催化台灣金融業在全球永續發展趨勢中扮演更積極的角色，並支持台灣轉型至低碳或零碳經濟。這不僅是對金融業的升級挑戰，也是一個重大的機遇，可以促進金融市場及整體產業重視永續發展及氣候變遷，並強化氣候韌性。

對台灣上市上櫃公司的影響

對上市櫃公司之幾項重要 ESG 規範措施：

1. **永續報告書編製與申報**：要求實收資本額 20 億元以上的上市櫃公司參考永續會計準則（SASB）規定及氣候相關財務揭露建議（TCFD）編製永續報告書。

2. **氣候變遷風險與機會揭露**：上市櫃公司應以專章揭露氣候變遷對公司造成之風險與機會及採取之相關因應措施。

3. **永續發展實務守則**：協助企業實踐企業社會責任，並引導企業重視及實踐永續發展。

4. **風險管理實務守則**：協助上市櫃公司逐步導入風險管理機制，以健全企業永續經營。

5. **永續發展行動方案**：以「治理」、「透明」、「數位」、「創新」四大主軸，推動企業永續發展之行動方案，包括引領企業淨零、深化企業永續治理文化、精進永續資訊揭露、強化利害關係人溝通、推動 ESG 評鑑及數位化等五大面向。

這些規範與措施期望提升上市櫃公司在環境、社會與治理方面的表現，並鼓勵企業朝向永續發展目標邁進。透過這些規範，台灣金管會期望能夠提升企業的透明度、責任感以及對於氣候變遷的積極應對，進而提升國際競爭力。

上述措施會影響金融機構對台灣企業投融資時，更積極搭配金管會要求企業客戶：

1. **溫室氣體排放盤查與確信**：上市上櫃公司需要揭露其溫室氣體排放量、產品與服務的碳密集度，並提供相關確信說明。這將要求公司進行更詳細的碳排放盤查，並對外公開其碳足跡。非上市上櫃公司若能自行遵循將更利於投融資條件。

2. **氣候變遷風險管理**：公司將被要求制定與實施減碳目標與策略，以應對氣候變遷帶來的財務風險。這包括對於公司自身範疇一、範疇二，以及其投融資組合（範疇三）的財務碳排放與盤查的揭露。

3. **ESG 盡職調查**：金融機構將積極將 ESG 因子納入授信流程，啟動對客戶的 ESG 盡職調查。這意味著企業在尋求資金時，可能會面臨更嚴格的 ESG 評估標準。

4. **供應鏈壓力**：由於台灣在全球供應鏈中扮演重要角色，國際大廠對供應商的減碳要求將對相關公司造成壓力。這可能會迫使公司加快其 ESG 行動的步伐，以確保其在全球市場中的競爭力。

這些影響將推動台灣企業尤其上市上櫃公司在永續發展與氣候變遷應對方面採取更積極的措施，並可能對其財務表現和市場評價產生重大影響。

4.2.3 碳權和碳交易、CBAM

碳權和碳交易、歐盟 CBAM 是永續金融領域中的重要機制，它們與永續金融的關聯主要在於透過金融機制來促進減少溫室氣體排放並實現環境目標。以下是簡要描述：

1. **碳權**：碳權是指企業擁有的一定量的碳排放權。在碳交易市場中，企業可以購買或出售碳權，以滿足政府規定的碳排放限額或實現減排目標。

2. **碳交易**：碳交易是一種市場機制，允許企業之間買賣碳權。這個系統旨在經濟上激勵企業減少碳排放，透過設定碳排放上限和允許市場交易碳權來實現減排目標。

3. **CBAM（碳邊境調整機制）**：這是歐盟提出的一項政策，旨在防止碳洩漏，即企業為了逃避碳排放成本而將生產轉移到碳價格較低的國家。CBAM 要求進口到歐盟的產品必須根據其碳排放量購買相應的碳權憑證，以此來確保進口產品與歐盟內產品在碳成本上的公平競爭（可參考附錄 C）。

這些機制透過金融市場的方式，對企業的碳排放行為進行調節和激勵。這不僅有助於實現減排目標，也推動了永續金融產品和服務的發展，如綠色債券和永續投資基金，成為支持低碳經濟轉型的金融工具。

4.3 責任投融資及責任保險原則

責任投融資是在既有的投融資模式中，融入永續思維，尤其是優先排除不利社會／環境之項目，能為社會帶來正向影響的穩定力量，同時亦是增進資產長期價值的核心能力之一。通常涉及下面作為：

1. **ESG 因子納入投融資流程**：金融機構將環境、社會和公司治理（ESG）因素納入投融資決策中，以降低投資組合的 ESG 風險，保障利害關係人的權益。

2. **議合與對話**：金融機構與被投資或授信公司進行議合和對話，以推動企業改善 ESG 表現，並確保其符合永續發展目標。

3. **主題性投資和融資授信**：金融機構進行與 ESG 相關的投資和授信，例如低碳主題投資、氣候相關風險管理等。

此外，綠色金融商品服務也是一個延伸概念，旨在透過企業貸款、個人投資和金融產品（例如債券）等機制，將資金投入永續發展項目，鼓勵投入於減少氣候帶來負面影響的活動。

是金融機構在追求永續發展和社會責任方面的重要舉措。

下面以最具代表之責任投資、影響力投資、責任授信（即責任融資）與責任保險原則進一步說明。

4.3.1　責任投資（Responsible Investment）

責任投資是一種投資策略，它超越了傳統的財務分析，將環境、社會和公司治理（ESG）因素納入考量。這種投資方法的目標是實現長期的財務回報，同時促進對環境和社會負責任的行為。

責任投資通常被視為一種更廣泛的永續投資（Sustainable Investment）策略，責任投資不僅是既有投資領域融入 ESG 因子作為重要之投資評估因素，廣義範疇包括社會責任投資（SRI）和影響力投資（Impact Investing）。責任投資不僅關注財務績效，還關注潛在的 ESG 風險和機會。

說到發展歷程，責任投資的概念可以追溯到幾十年前，但直到最近幾年，隨著全球對永續發展的關注增加，它才開始成為主流。從早期的排除性篩選（例如避免投資於煙草或武器製造商）到現在的積極股東參與，責任投資已經發展成為一種多元化的投資方法。

隨著氣候變化和社會不平等問題的日益嚴重，投資者和公司都在尋求解決這些挑戰的方法。責任投資提供了一種途徑，透過投資決策來推動正面的變化。責任投資不僅是一種財務決策，更是一種對未來世代負責的承諾。隨著全球對永續發展的需求不斷增長，責任投資無疑將在全球金融市場中扮演越來越重要的角色。這不僅是一種趨勢，更是一種必然的進步方向。

金融機構實施責任投資時，投資者會評估目標公司的 ESG 表現，並尋求投資於那些在這些領域表現良好的公司。這不僅僅是出於道德或倫理的考量，許多研究表明，良好的 ESG 表現與長期的財務表現正相關。因此對公司和投資者都有深遠的影響。對公司來說，它鼓勵更透明的業務實踐和更高的責任標準。對投資者來說，它提供了一種方式來影響公司的行為，並將他們的

資金用於支持永續的業務模式。是一種強大的工具，可以幫助塑造一個更永續和公平的世界。

下面是責任投資案例，呈現出企業如何透過 ESG（環境、社會和公司治理）因素來實現責任投資：

1. **Invesco 太陽能股票型指數基金**：Invesco 的太陽能股票型指數基金（Solar ETF）專注於太陽能行業的投資，並在 2020 年贏得 238% 的報酬率。

2. **懷爾德希爾清潔能源股票型指數基金**：懷爾德希爾清潔能源的股票型指數基金（WilderHill Clean Energy）也是專注於清潔能源領域的基金，同年報酬率達到 220%。

3. **First Trust Green Energy Index ETF**：這是另一支 ESG 基金，專注於綠色能源，報酬率達到 186%。

這些案例顯示了責任投資不僅可以帶來財務上的回報，同時也能對環境產生正面影響。這種投資策略鼓勵企業在追求經濟效益的同時，也重視對社會和環境的責任。

隨著越來越多的投資者尋求將他們的資金用於正面的社會和環境影響，我們可以期待這種投資策略在未來幾年內繼續發展和成熟。責任投資的發展，反映了全球社會對於建立一個更加公正和永續世界的共同願景。隨著這種投資策略的不斷演進和完善，我們有理由相信，它將繼續為投資者、公司和整個社會帶來正面的影響。

4.3.2　影響力投資（Impact Investing）

影響力投資是一種投資策略，不僅追求財務回報，同時也致力於創造積極的社會和環境影響力。這種投資方式介於傳統投資和慈善之間，旨在通過投資活動解決全球挑戰，如貧困、氣候變化和不平等等問題。

根據全球影響力投資聯盟（Global Impact Investing Network，簡稱 GIIN）的定義，影響力投資是指「有意為社會及環境問題造就正面的、可衡量的影

響力,同時創造利潤的投資」。這種投資方式強調投資決策中應該將社會和環境的影響納入考量,並追求在獲得財務回報的同時,也能對社會和環境產生正面的改變。

影響力投資的概念最早可以追溯到 20 世紀中期,當時一些具有社會責任感的企業家和慈善家開始探索如何有效地利用資金來改善社會問題。進入 21 世紀,隨著全球永續發展目標(SDGs)的提出和氣候變化等全球性問題的日益嚴峻,影響力投資迎來了快速發展的階段。2007 年,洛克菲勒基金會提出了影響力投資的概念,並於 2008 年成立了 GIIN,進一步推動了這一領域的發展。

近年來,隨著投資者對社會責任和環境永續性的關注增加,影響力投資已逐漸成為主流金融市場的一部分。許多大型金融機構和私人投資者都開始將影響力投資作為其投資組合的一部分。根據 GIIN 的報告,2020 年全球影響力投資市場的規模已達 2.3 兆美元,並且這個數字還在持續增長。

影響力投資的實踐涉及多個領域,包括教育、醫療衛生、可再生能源、社會住宅等。投資者通過投資於這些領域的企業或項目,不僅可以獲得財務回報,還可以推動社會進步和環境保護。例如,投資於提供清潔能源解決方案的公司,不僅有助於減少碳排放,還可以促進能源的永續發展。下面是三個具體案例:

1. **Amundi 資產管理公司**:法國的 Amundi 資產管理公司為影響力投資成立了 CPR 子公司,目前管理著 216 億歐元,投資於五種不同的影響力投資策略。

2. **Big Society Capital**:英國的私人資本 Big Society Capital 與施羅德投信合作,募集了逾 9,000 萬美元,用於社會影響力基金組合。

3. **澳洲國家級基金**:澳洲利用國家級基金支持社會住宅、潔淨能源、減少貧窮、原民經濟等專案融資。

這些案例展示了影響力投資如何在全球範圍內被運用來支持各種社會和環境上的正面改變。這些投資不僅關注財務回報,同時也重視其對社會的積極影響,證明了投資可以是一種力量,用於推動社會進步和環境保護。

隨著全球對永續發展和社會責任的重視程度不斷提高，影響力投資的未來前景看好。它將繼續吸引更多的資金流入，並可能成為解決全球挑戰的重要工具。此外，隨著評估和報告工具的不斷完善，影響力投資的透明度和可衡量性也將進一步提高，這將有助於吸引更多的投資者參與進來。

也可以說，影響力投資代表了一種新的投資理念，它將財務回報與社會責任結合起來，為投資者提供了實現財富增長和社會貢獻雙重目標的機會。隨著這一領域的不斷發展和成熟，影響力投資將在未來發揮更多關鍵力量。

4.3.3 責任授信

責任授信的發展與永續金融和綠色金融的興起密切相關。永續金融和綠色金融都是指將資金投向能夠支持環境永續性的投融資活動、金融產品和金融服務。這些金融活動旨在支持永續和環保的產業，同時也帶動有資金需求的企業開始更加重視永續發展議題。

責任授信不僅考慮傳統的信用風險，還將借款方對環境和社會的影響納入評估範圍。這種授信方式強調在提供貸款或信用服務時，金融機構應該考慮到其對社會、環境和永續發展的影響。責任授信的核心理念是，金融機構在進行投資和融資活動時，不僅關注獲利，還要關注其對環境和社會的責任。

在責任授信的框架下，金融機構會評估企業的 ESG（環境、社會及公司治理）表現，並將這些因素納入授信決策過程中。例如，一個企業如果在環境保護、社會責任或公司治理方面有良好的表現，可能會獲得更優惠的貸款條件。相反地，如果一個企業在這些方面表現不佳，可能會面臨較高的貸款利息與成本、降低的額度或甚至無法獲得貸款。

其實責任授信的實踐也涉及到國際標準和原則的遵循。許多金融機構選擇加入赤道原則，這是一套國際金融業界廣泛認可的風險管理框架，用於確定、評估和管理環境和社會風險。透過赤道原則，金融機構可以對大型基礎建設專案進行嚴格的環境和社會風險評估，並採取相應的風險管理措施。

在台灣，責任授信的發展受到政府政策的推動。例如，台灣自 2017 年起推出的綠色金融行動方案，就是為了引導金融機構將資源投注在綠能產業、永續發展以及淨零排放上。這些政策不僅鼓勵金融機構支持綠色產業，也期望金融機構在進行授信時能夠考慮到氣候變遷和環境保護的因素。以下是兩家金融機構進行責任授信作為之案例：

1. **玉山銀行**：玉山銀行發行了永續連結貸款、綠色授信專案貸款及太陽光電專案融資。這些產品不僅擴大了企業社會責任投資的規模，也有助於將對環境的意識轉化為具體行動。

2. **永豐金控**：永豐金控將 ESG 因子納入授信業務的客戶認識（KYC）及客戶盡職調查（CDD）程序中。他們對大型專案融資案件加強了 ESG 風險審查，並在核准後持續監測其環境與社會風險。

這些案例反映了金融機構在進行貸款或信用服務時，越來越重視借款方的 ESG 表現，並將這些因素作為授信決策的一部分。透過這種方式，金融機構不僅能夠管理風險，還能推動社會和環境的永續發展。

由上可知，責任授信代表了金融業在支持企業和產業發展的同時，也承擔起對環境和社會的責任。隨著全球對永續發展的關注日益增加，責任授信將繼續在金融業中發揮重要的作用，推動產業和社會朝向更加永續的未來發展。

4.3.4　責任保險原則

聯合國環境規劃署（UNEP）推出的 PSI 責任保險原則（Principles for Sustainable Insurance）是一套旨在將永續發展整合進保險業務和決策中的指導原則。這些原則鼓勵保險業者在其業務行為、風險管理、產品開發、投資策略以及公司治理中考慮環境、社會和公司治理（ESG）因素。PSI 包含四項核心原則，分別是：

- **原則一**：將永續發展議題納入決策過程。這意味著保險公司需要在其業務策略、風險管理和決策過程中考慮到永續發展的影響和機會。

- **原則二**：與客戶和商業夥伴合作，以提高對環境、社會和治理問題的認識和管理風險。

- **原則三**：與政府、規範制定機構和其他利害關係人合作，以促進對廣泛永續發展議題的行動。

- **原則四**：定期報告永續發展進展，透明地揭露其實踐永續保險原則的情況。PSI 原則自 2012 年在聯合國永續發展大會上首次發布以來，已經吸引了全球許多保險公司的參與和承諾。這些保險公司承諾將這些原則融入其業務運作中，並通過創新的保險解決方案來應對氣候變化、自然災害、健康問題和社會不平等等全球性挑戰。

PSI 原則的實施對保險業有著深遠的影響。它不僅改變了保險公司評估風險和開發產品的方式，還促進了保險業與政府、企業和社會的合作，共同應對永續發展的挑戰。此外，這些原則也鼓勵保險公司透過投資和業務實踐來支持環境保護和社會福祉。

在台灣，雖然無法直接簽署 PSI，但許多保險公司仍然遵循這些原則，並將其整合到公司的永續發展策略中。例如，國泰產險自 2017 年起成為台灣首家自行遵循 PSI 原則的產險公司。富邦產險也於 2020 年導入 PSI 原則，以提升企業效能並發展創新的行動方案。

PSI 責任保險原則是保險業支持永續發展的重要工具。隨著全球對氣候變化和社會責任的關注日益增加，這些原則將繼續引導保險業在未來的發展道路上。透過實施 PSI 原則，保險業可以在創造經濟價值的同時，也為建立一個更加公平、健康和環境友好的世界做出貢獻。

4.4 永續金融與風險管理

在當今經濟體系中，永續金融已成為一個重要的議題。它不僅關係到環境保護和社會福祉，也與企業和金融機構的風險管理緊密相連。永續金融的核心在於將環境、社會和公司治理（ESG）原則納入金融決策中，這不僅有助於促進長期的經濟增長，也有助於管理和減輕與氣候變化、資源稀缺和社會不平等等相關的風險。

4.4.1　永續金融的風險管理意義

永續金融的風險管理意義在於識別和評估那些可能影響金融機構及其客戶的長期風險。這些風險可能來自於氣候變化導致的自然災害、資源的過度開採、勞工權益的忽視，或是公司治理不善。透過有效的風險管理，金融機構可以預防這些風險對其投資組合造成的負面影響，並確保其業務模式的持續性和穩定性。

在實踐中，永續金融與風險管理通常涉及以下幾個方面：

1. **風險評估**：金融機構需要評估 ESG 因素對其業務的影響，並將這些因素納入其整體風險評估框架中。

2. **政策制定**：制定相關政策以引導資金流向永續發展項目，並避免投資於那些可能對環境和社會造成負面影響的企業。

3. **監督和報告**：加強對 ESG 相關風險的監督和報告，提高透明度，並向投資者和其他利益相關者揭露相關信息。

4. **風險管理策略**：開發和實施風險管理策略，以減輕 ESG 風險對金融機構和其客戶的影響。

永續金融與風險管理之間的關係是多維度的。永續金融不僅有助於促進經濟的長期健康和社會福祉，也是一種有效的風險管理工具。隨著全球對永續發展目標的共同追求，永續金融將繼續在全球經濟中扮演關鍵角色，幫助金融機構和企業管理和減輕與 ESG 相關的風險。

4.4.2　永續金融的風險管理實踐

永續金融涉及銀行、保險、證券、投顧、支付及其他泛金融業（金流與資本市場）所提供之各種金融產品和服務，自然也包括新興的綠色債券、社會債券、永續發展目標相關的投資基金等。這些工具和策略經過淬煉永續筋骨後，旨在引導資金流向那些能夠產生正面社會和環境影響的項目和企業。

在實踐中，正好完整扣回金融風險管理本質的視角，例如就更完整的系統視野回顧，重新省視：

1. 風險對應報酬／代價，即使是現況財務良好之客戶，其重要風險及機會未被發現及納管，代表金融機構之投融資難以回收或虧損之可能性大。

2. 過去進行風險評估，長期忽略非財務成本與價值、亦未估算組織對社會與環境帶來正負向影響之應換算隱藏成本或代價。

3. 需正視陸續出現之新興風險威脅與機會，同時注意各組織缺乏實戰經驗值和參照。

4. 於複雜又多變的不確定年代，金融業本身及其投融資客戶均需要更務實且誠懇地面對真實世界：例如中長期如何持續健康生存以及擁有永續經營韌力，需要更風險導向的思維及如何管理風險的框架。

5. 僅依賴自身力量或只固守現行優勢，不足以讓企業安全，類似之風險亦應被看見、管理與揭露。

6. 與傳統風險管理相比，永續金融的風險管理更加注重長期影響和非財務因素。它要求金融機構不僅要關注短期的財務表現，還要考慮其業務活動對環境和社會的長期影響。這種方法有助於促進更加負責任和永續的商業行為。

因此，如何運用金融商品規劃與風險管理機制作為工具，引導企業客戶正視並改善永續經營體質，讓客戶因有效投資打底轉型，更具長期競爭力，會讓金融機構本身有效掌握客戶風險並創造未來價值，不僅是是回歸金融風險管理專業本質，同時開啟均贏的永續正循環。

考量企業前進 ESG 需要持續投入大量資源跟轉型關注，實踐時，透過金融體系評估服務（例投融資）客戶在永續經營之努力程度、治理品質與提升效果、永續發展的企圖心、韌性及潛力等等，提供對應的投融資商品與服務。運用有效評估客戶風險／機會管理能力、永續作為、成果與發展潛力，不僅可保護金融業自身利益，穩健地長期經營，有助於金融機構自身的永續轉型，還能夠以金流和服務評估的方式發揮影響力，為企業和投資者提供了支持永續發展的金融工具和服務，引導企業客戶更向 ESG 轉型。

下面且以碳情境需求舉例：目前歐盟 CBAM（碳邊境調整機制）對出口企業已有低碳轉型的壓力，影響主要體現在幾個方面：

1. **成本增加**：企業可能需要支付額外的碳稅或購買碳權來符合這些機制的要求，這將直接增加企業的運營成本。

2. **競爭力影響**：對於出口導向型企業，特別是那些出口到實施 CBAM 或其他須繳碳稅的國家或地區的企業，可能會面臨國際市場競爭力的下降。

3. **營運策略調整**：企業需要調整其營運策略，投入更多資源於減少產品的碳排放強度，以應對碳稅和碳交易帶來的挑戰。

4. **投資和創新**：企業可能需要投資於新技術和創新來減少碳排放，這可能會帶來長期的經濟效益，但短期內可能需要額外的資金投入。

5. **市場機遇**：碳交易市場的建立也為企業提供了新的市場機遇，例如透過減碳項目獲得的碳權可以在市場上進行交易。

6. **法規遵循**：企業需要密切關注相關法規的變化，以確保其業務遵循最新的碳排放規範和標準。

7. **國際合作**：企業可能需要與其他國家或地區的企業合作，以共同應對碳排放規範，並尋求減碳解決方案。

總體來看，CBAM 等碳稅對企業帶來了額外的責任和挑戰，但同時也提供了新的商業機會和推動企業走向更綠色、更永續的發展道路的轉型動力。

企業可以透過善用永續金融工具來應對 CBAM 等碳稅政策帶來的影響：

1. **發行永續相關債券**：企業可以發行綠色債券或永續發展債券，籌集資金用於環保項目或永續發展活動，這有助於降低因應環境政策所需的資金成本。

2. **綠色貸款**：銀行提供的綠色貸款可以讓企業以優惠利率獲得資金，這些資金需用於環境友好的項目，如再生能源開發或能源循環使用，進而提供企業發展永續的誘因。

3. **永續連結貸款**：這種貸款方式與企業達成特定永續目標掛鉤，一旦企業達成這些目標，銀行將提供更優惠的貸款利率，這激勵企業實現低碳轉型。

4. **永續投資**：企業可以透過股票、債券、ETF 等金融商品在資本市場集資，協助重視環境、永續發展的企業研發轉型升級，形成正向循環。

5. **ESG 策略與風險管理**：企業應建立與氣候變遷相關的具體策略目標和關鍵績效指標，並將 ESG 融入商業模式，使之成為企業永續經營的核心部分。

尤其隨著全球氣候變化和社會問題的日益嚴峻，透過這些永續金融工具和策略，企業不僅能夠應對碳排放政策帶來的挑戰，還能夠促進自身的綠色轉型，並在永續發展的道路上取得進步。

4.4.3　影響企業 ESG 動力

永續金融扣緊風險管理的精神，不僅改變了企業的資金獲取和投資策略，還對企業的長期發展和市場競爭力產生了深遠的影響。以下是一些參考：

1. **資金獲取**：企業為了吸引永續金融資金，需要展示其在 ESG 方面的積極表現。這可能包括減少碳排放、提高能源效率、改善勞工條件等措施。

2. **減碳壓力**：金融機構可能會設定減碳目標，要求被投資的企業提出減碳承諾，這迫使企業進行淨零轉型。

3. **投資策略**：永續金融推動企業重新評估其投資組合，將資金投向更環保和社會責任的項目，進而提高企業的永續性和創新能力。

4. **風險管理**：永續金融要求企業更加關注長期風險，包括氣候變化、資源稀缺和社會不平等等問題，這有助於企業建立更強大的風險管理體系。

5. **法規遵循**：許多國家和地區正在推出與永續相關的法規，企業必須遵守這些法規以避免法律風險和罰款。

6. **品牌形象**：企業在永續發展方面的努力可以提升其品牌形象，吸引更多關注社會責任的消費者和合作夥伴，金融體系視為重要評估因子。

7. **創新驅動**：永續金融促使企業尋求創新的商業模式和技術解決方案，以滿足永續發展的需求。

8. **供應鏈管理**：永續金融相當關注，企業需要確保其供應鏈的永續性，這可能涉及對供應商進行永續性評估和監督。

9. **市場競爭力**：隨著消費者和投資者對永續產品和服務的需求增加，那些能夠提供這些產品和服務的企業將獲得市場優勢。

永續金融的這些影響不僅對企業本身重要，也對整個產業和經濟體系的永續發展至關重要。企業需要積極應對永續金融帶來的挑戰，並抓住相關的機遇，以實現長期的成功和增長。

金融業亦透過開發綠色金融產品，例綠色債券和綠色基金來支持環境友善型項目、數位和淨零排放轉型。以成為企業實現 ESG 目標的資金後盾，永續金融成為推動綠色經濟和社會進步的關鍵力量。

4.5 永續金融評估

正如前述所提，金融係以風險管理為本之專業體系，資本市場對於客戶是否安全穩健是否值得投融資、籌資或提供保障，因此永續金融對投資者在選擇企業時產生了顯著影響，尤其在這些方面：

1. **投資決策**：投資者越來越將 ESG 因素納入投資決策中，這意味著那些在環境保護、社會責任和良好公司治理方面表現出色的企業，更有可能吸引投資。

2. **風險評估**：永續金融強調對企業的長期風險進行評估，包括氣候變化、資源管理和社會影響等方面的風險。這使得投資者在選擇投資對象時，會考慮企業的風險管理能力和永續發展策略。

3. **財務表現**：研究表明，那些重視 ESG 的企業往往能夠實現更好的財務表現和市場評價，這吸引了尋求長期回報的投資者。

4. **監管要求**：隨著全球範圍內對永續金融的監管要求日益增加，投資者更傾向於選擇那些能夠滿足這些要求的企業，以避免未來可能的法律和合規風險。

5. **社會影響力**：投資者也越來越關注企業的社會影響力，包括其對社區、員工福祉和供應鏈的影響。企業在這些方面的表現，成為投資者選擇的重要考量因素。

實際評鑑客戶時通常需對客戶如何實踐環境、社會和公司治理（ESG）進行評估。這種評鑑可以幫助金融機構識別和管理與 ESG 相關的風險，並確保其投資和貸款活動符合永續發展目標。以下是一些評鑑客戶時可能採用的做法：

1. **ESG 評分**：金融機構可能會使用或開發 ESG 評分系統，根據客戶在環境保護、社會責任和良好治理方面的表現給予評分。

2. **政策遵循**：評估客戶是否遵循相關的永續發展政策和標準，例如減少碳足跡、提高能源效率、促進勞工權益等。

3. **風險管理**：分析客戶的業務模式和策略是否能夠有效管理氣候變遷、資源稀缺和社會不平等等 ESG 相關風險。

4. **監督和報告**：檢查客戶是否有定期監督和報告其 ESG 表現的機制，並且這些報告是否透明和可靠。

5. **參與度和影響力**：評估客戶在推動永續發展方面的參與度和影響力，包括其對供應鏈、消費者和社區的正面影響。

6. **創新和改進**：考量客戶是否積極尋求創新解決方案來提高其永續性能力，並持續改進其 ESG 實踐。

這些評鑑措施有助於金融機構了解其資金流向有助於永續發展的企業，並且可以透過這種方式來吸引那些對永續投資有興趣的投資者。此外，這也有助於金融機構提升自身的永續金融形象和市場競爭力。

然而即使永續金融已加入非財務永續發展經營評估，如何有效評估仍是需積極面對之議題。國際合作陸續發展出許多評估方式，目前國際金融業評估企業客戶的永續發展表現通常會採用以下幾種方法：

1. **ESG 評鑑**：這是基於「環境、社會和公司治理」三個方面的表現去評估企業的永續發展面向。不同的評分機構可能會有不同的評分標準和方法，例如 S&P Global Corporate Sustainability Assessment（CSA）、Carbon Disclosure Project（CDP）問卷、MSCI ESG Ratings 等。

2. **永續金融評鑑指標**：金融業共同面臨的風險訂定「共通性指標」，並考量金融各業不同特性和風險建置「分業指標」。這些指標包括永續發展綜合指標與環境、社會、公司治理（ESG）三大支柱指標。

3. **氣候風險揭露與準則遵循**：聚焦於氣候風險揭露與準則遵循，如實體風險及轉型風險之財務揭露、客戶因應減碳及轉型現況之掌握程度、普惠金融推動情形等議題。

4. **綠色金融產品**：適合金融業提供綠色金融產品，如綠色債券、永續發展債券、永續發展連結債券等，以促進淨零轉型和環境保護與社會發展。

這些評估方法有助於金融機構了解企業在永續發展方面的表現，並作為投融資決策的重要參考。隨著永續意識的提升，企業不僅要追求經濟利益，更應關注 ESG 議題帶來的風險與機會，這對企業的長期價值和市場競爭力至關重要。

4.5.1 國際上常用的 ESG 評分方法

國際上有幾個著名具公信力的 ESG 評分機構，以下是其中一些常用的 ESG 評分方法：

1. **S&P Global Corporate Sustainability Assessment（CSA）**：這是一種綜合評量企業在 ESG 三大面向整體績效的方法，透過企業主動回應問卷來進行評分。

2. Carbon Disclosure Project（CDP）：這個評分方法專注於企業對於氣候變化、水資源保護和森林保護的信息披露，企業透過回答特定主題的問卷來進行評分。

3. MSCI ESG Ratings：這是由評鑑機構直接使用公開資訊進行評分的方法，評估企業在 ESG 方面的風險和機會。

4. FTSE Russell：該機構提供 ESG 評分服務，重視企業在不同 ESG 議題上的績效和風險曝露程度。

5. Sustainalytics：這家公司提供 ESG 風險評分，專注於評估企業在 ESG 方面的風險管理能力。

這些評分方法透過不同的指標和標準，幫助投資者和利益相關者了解企業在永續發展方面的表現，並作為投資決策的參考。企業可以根據自身的特點和需求選擇適合的評分機構和方法來進行 ESG 評分。

4.5.2　企業面對永續金融評估之態度

企業在應對永續金融評分的挑戰時，應誠懇持續精進，採取一系列的策略和措施來整合環境、社會和公司治理（ESG）因素到其業務模式中。以下是一些企業可能採用的方法：

1. **建立治理與文化**：企業會強化永續委員會的作用，重視培訓或招聘具有氣候風險知識背景的人才，並建立重視永續發展的企業文化。

2. **發展策略與商業模式**：制定與氣候變遷相關的具體策略目標和關鍵績效指標，尋求將 ESG 融入現有的商業模式，使 ESG 成為企業永續經營的關鍵 DNA。

3. **風險管理程序**：企業會訂定明確的計畫與程序持續監控與管理永續產品，並將對漂綠風險辨識及損害評估的程序納入企業既有的不當行為風險管理架構中。

4. **產品與行銷**：訂定綠色產品評估報告，確保其永續資格與效益，並進一步公開相關資訊使客戶能夠辨識綠色產品之永續認證。

5. **資訊揭露**：企業需要改善其 ESG 揭露品質，提供更一致的 ESG 評鑑，並遵循永續經濟活動認定類別或指引，以避免漂綠（Greenwashing）的風險。

6. **政策優勢與助益**：企業應評估並準備應對相關政策的變化，例如金管會所提出之綠色金融行動方案，並利用這些政策帶來的優勢和助益來推動永續實踐。

7. **合作與協調**：企業不單靠己身資源，應借力使力、與民間團體、政府相關部會及國際組織協調合作，以利於建構永續金融生態系，並透過合作加速落實更高層次的永續目標。

這些策略和措施有助於企業在面對永續金融的挑戰時，能夠更有效地整合 ESG 因素，並推動企業朝向更永續的未來發展。

另外，企業須避免漂綠（Greenwashing），永續金融愈來愈努力辨識及排除漂綠，真正的永續行動和漂綠可以藉由以下幾個方法初步區分：

1. **透明度**：真正的永續行動會伴隨著高度的透明度。企業應該公開其永續發展報告，並提供具體數據和事實來支持其聲稱。

2. **第三方認證**：尋找獨立第三方的認證或驗證。例如，ISO 14001 環境管理系統認證或是由可信賴的機構頒發的永續標籤。

3. **具體目標和成果**：企業應設定具體、可衡量的永續發展目標，並定期報告進展和成果。

4. **策略與承諾**：真正致力於永續發展的企業會將其永續策略整合到核心業務中，並對外做出長期承諾。

5. **持續改進**：持續改進是永續發展的關鍵。企業應展示其在永續方面的持續努力和改進。

6. **利益相關者參與**：真正的永續行動會涉及與利益相關者的廣泛參與，包括員工、客戶、供應商和社區。

7. **避免誤導性宣傳**：企業應避免使用模糊或誤導性的環保術語，並確保所有宣傳材料都是準確和誠實的。

評估可以了解現行狀態，永續金融更看重的是持續改善的積極企圖與實際作為。

4.6 結論

國際上永續金融的發展正快速演進，有些關鍵的發展動向值得觀察：

1. **投資增長**：全球對永續金融科技（ESG FinTech）的投資顯示出穩定增長。2022 年達到 294 億美元，2023 年預估為 288 億美元，並預計在未來幾年將持續增加 1。

2. **區域差異**：不同地區對永續金融科技的投資程度不一。美洲地區在碳服務和監理科技方面的投資最多，顯示對減少碳排放的重視。而亞太地區在永續金融科技的投資上則位居中段班，顯示有成長的空間。

3. **監管政策**：全球範圍內，監管機構對永續金融的要求日益嚴格。例如，歐盟已經批准了歐洲永續發展報告準則（ESRS），美國證券交易委員會（SEC）也公告了強制上市公司揭露溫室氣體排放數據的要求。

4. **技術創新**：金融科技在推動永續金融方面扮演著重要角色，特別是在數據收集及整合上。例如，新加坡推出的 Gprnt.ai 平台使用區塊鏈技術來整合 ESG 資料的收集、計算和管理。

5. **永續產品開發**：金融服務業的內部支出增加，主要用於開發 ESG 金融產品及研發 ESG 解決方案，顯示企業對永續發展面向的投入。

6. **國際合作**：國際永續準則理事會（ISSB）與多個國家討論合作框架，推動永續與財務標準的對接，這將有助於建立全球統一的永續報告準則。

7. **普惠金融與投資者保護**：金融機構正致力於推動普惠金融，降低投資門檻，並透過數位學習和多元媒體傳播來增強投資者保護。這有助於提升市場參與度和投資者對市場的信任。

8. **生物多樣性與人權**：生物多樣性和供應鏈人權監管機制的重視日益增加，企業需要對這些新興的永續議題進行布局和管理。

展望未來，永續金融預計將繼續深化與擴展，包括更多元化的金融產品、更嚴格的監管要求、以及更廣泛的國際合作。同時，永續金融將更加注重實際的環境和社會影響，並尋求創新的解決方案來應對全球永續發展的挑戰。

總結來說，永續金融的國際發展趨勢顯示出全球對於永續發展的重視，並透過技術創新、監管政策、國際合作等多方面的努力，共同推動永續金融的發展。這些趨勢不僅影響金融業的運作，也對投資者和企業的策略有著深遠的影響。隨著永續議題的持續發展，我們可以預見永續金融將在未來扮演更加重要的角色。

未來，永續金融的發展將需要更多的創新、合作和政策支持，以克服這些挑戰，並實現其核心精神。簡單來說，永續金融不僅是一種金融模式，更是一種對未來負責的思維方式。它要求我們在追求經濟增長的同時，也要保護環境、促進社會公正和提高企業治理水準。隨著全球對永續發展目標的共同追求，永續金融將繼續在全球經濟中扮演關鍵角色。透過永續金融的實踐，我們可以朝著更加繁榮、公平和永續的未來邁進。

永續報告書

—— 李奇翰、裴有恆、林玲如

5.1 永續報告書摘要

台灣金管會於 2022 年發布「上市櫃公司永續發展路徑圖」，要求上市櫃公司應自 2024 年起於年報揭露氣候相關資訊，其中實收資本額 20 億元以下之上市櫃公司須於 2025 年編製永續報告書。

永續報告書的標準是現代企業在追求永續發展的過程中所依循的指導原則之一。因此選擇適合的標準對企業來說至關重要，因為這將直接影響到其對 ESG 各方面報告的品質、透明度和可信度。

以下為各位介紹目前主要的三種主流 ESG 永續報告書標準：

1. **GRI 標準**

   全球永續性報告協會（Global Reporting Initiative，簡稱 GRI）為獨立的國際性組織，自 1997 年以來率先發布永續發展報告的揭露架構，期望幫助全球企業和政府透過該架構，能有效了解與傳達報導組織的重大永續發展問題所面臨的衝擊及解決之道，2016 年正式推出 GRI 永續性報

導準則（GRI Sustainability Reporting Standards），成為全球第一個使用最廣泛的永續性報導的全球標準。

GRI 是最廣泛使用的永續報告標準之一，其框架提供了一套全面的指南，幫助企業評估和報告其經濟、環境和社會績效。GRI 標準強調了利益相關者參與、透明度和可比性的重要性，並提供了一個統一的框架，使得不同企業可以進行比較分析。

2. SASB 標準

SASB（Sustainable Accounting Standards Board）全名為「永續會計準則委員會」，永續會計標準委員會是一個非營利組織，於 2011 年在美國舊金山成立，是一個非營利永續會計準則機構。

主要宗旨為在促進企業除了財務上的表現之外，也要揭露其對於該企業具有「財務重大性」（Materiality）的資訊，包括企業在營運當中對於「環境」、「社會資源」、「人力資源」、「企業領導力與公司治理」和「商業模式與創新」等五大項永續主題當中，與該行業具有必要性的指標。

SASB 專注於制定與財務報告類似的標準，以衡量公司在 ESG 領域的績效。它提供了行業特定的指標，以幫助企業更好地理解他們所處的市場環境。SASB 標準將 ESG 因素納入財務報告，進而使得投資者能夠更全面地評估公司的價值和風險。

3. TCFD 框架

TCFD 是由國際金融穩定委員會（FSB）在 2015 年成立的氣候相關財務揭露小組（TCFD，Task Force on Climate-related Financial Disclosures）。相較於前面兩項 GRI、SASB 標準，「TCFD 準則」著重企業如何因應氣候風險，TCFD 提供了一套關於如何揭示氣候相關風險和機會的指導原則，這對於那些希望在氣候變化和永續性方面提供更全面信息的企業尤其重要。TCFD 框架強調了風險披露的重要性，並鼓勵企業將氣候相關信息整合到其財務報告中。

我們將在後面幾章，詳細的介紹上面這三種國際標準。另外，在選擇 ESG 永續報告標準時，企業還是應該考慮到自身的行業特性、利益相關

者需求、資源和能力，以及標準的國際認可度，選擇符合企業本身適合的標準將有助於企業更好地管理 ESG 風險和機會，提升企業的長期價值和永續性。

5.2 ESG 報告之 GRI

全球報告倡議組織（Global Reporting Initiative，GRI）為獨立的國際標準組織，其 2016 年發布的 GRI 準則為目前全球最主要的 CSR 報告書參考依據，約 75% 的全球大企業 CSR 報告書皆使用此標準當作主要依據。

GRI 準則的特色是在環境、經濟與治理層面上具備廣泛的探討，讓企業能夠依照不同的一般揭露、管理方針、特定主題等不同項目揭露非財務資訊，兼顧各方面的利害關係人得到所關心的資訊，簡單的來說，GRI 準則讓企業使用一種**更容易了解的共通語言來報告非財務資訊**。

另一方面，GRI 準則的目的是讓組織（企業）需對社會大眾公開揭露其對經濟、環境及人群（包括人權）最顯著的衝擊，以及如何管理這些衝擊。因此這增加了衝擊的透明度與組織的當責性。

這邊所說的衝擊，在 GRI 文件中也有定義，GRI 中所謂的衝擊是指在組織（或企業）的經濟活動或商業關係中對經濟、環境及社會產生或可能產生的影響。而這些衝擊可能方式為實際或潛在、正面或負面、短期或長期等，因此在撰寫 GRI 準則的時候，負責撰寫的永續團隊更應該認真且仔細審慎思考並了解企業本身的產品或是服務，對經濟、環境及社會產生了哪些衝擊。

另外 2021 年 10 月全球報告倡議組織也公布了《新版 GRI 通用準則 2021》（GRI Universal Standards 2021），並於 2023 年 1 月 1 日正式生效。因此意味 2023 年企業若要發行 2022 年永續報告書時，就要依循新版的通用準則 2021，並符合新版通用準則要求進行揭露。

新版通用準則讓永續報告書揭露資訊更為全面、透明及一致性，並有效提升 ESG 資訊揭露品質與可比較性，在新版通用準則中，要求企業針對其營運對

經濟、環境、社會之衝擊影響需揭露得更為完善、全面，並將過往各企業容易忽視的人權議題與盡職調查也納入一定要揭露的標準規範中。

由於完整 GRI 準則內容非常龐大，因此本章僅大致說明 GRI 基本架構、概念，以及所需注意的事情，若讀者對於完整內容有興趣，可以到附錄 D 中掃描 QR code 下載完整版的中文 GRI 準則。

5.2.1 GRI 框架說明

GRI 框架提供了一個全面的報告指導，包括通用準則、行業準則和主題準則，組織（企業）應根據其行業類型使用行業準則，並根據所列的重大主題來選用主題準則，以下為大家一一說明。

一、通用準則

通用準則是 GRI 框架的基本部分，適用於所有企業無論其所在行業或規模。這些準則包括了報告的原則、內容和要求，以及如何構建報告的結構和格式。通用準則確保了報告的一致性、可比性和可信度。

GRI 框架的通用準則包括 GRI 1、GRI 2 和 GRI 3，這些標準適用於所有依循 GRI 準則報告的組織，以下分別說明：

1. GRI 1 是基礎標準，介紹了 GRI 準則的目的與體系，以及永續性報告的關鍵概念。
2. GRI 2 聚焦於一般揭露，涵蓋組織的治理架構、策略以及倫理標準等方面。
3. GRI 3 則指導組織如何識別、選擇並報告其重大主題和邊界。

通用準則涵蓋了以下主題：組織概況、報告範圍、報告目標和目標、報告準則、報告原則、管理意見和確認、報告的內容、基本準則原則、報告範圍和顯著主題的確認、報告受眾、報告的媒體和語言、報告的時限。

二、行業準則

行業準則是針對特定行業或部門的準則，提供了更具體和適用於該行業的報告指導。這些準則根據行業特性和風險標準，提供了行業相關的報告主題和指標，幫助企業更好地理解其所處的市場環境，並確定最相關的 ESG 問題。

GRI 行業準則中涵蓋了各種不同的行業，並提供了相應行業的報告要求和建議，其針對特定行業提供指導，幫助企業或組織識別其特定行業中可能面臨的特定風險和機會。

通過 GRI 行業準則，企業或組織能夠更精確地報告其特定領域的績效，並與同行業內其他組織進行比較。

三、主題準則

主題準則是針對特定主題或議題的準則，主要在提供更深入和詳細的報告指導。這些準則涵蓋了一系列 ESG 主題，例如氣候變化、人權、供應鏈管理等，旨在幫助企業更好地了解和報告其在特定主題下的績效和影響。

主題準則通常提供了更具體的報告指標和建議，以幫助企業更有效地管理相關風險和機會，並提高報告的質量和價值。

GRI 主題準則包括特定主題內容，用於決定重大主題，有助於組織實現永續發展。其中特定主題準則分為經濟（GRI 201～207）、環境（GRI 301～308）、社會（GRI 401～419）這些標準提供了詳細的指導，幫助組織評估及報告特定主題上的績效和影響。

差異及區別：

我們可以簡單歸納說明這三種準則的差異及區別。

1. 通用準則是所有組織在進行 GRI 報告時必須遵循的基礎，確保了報告的一般性質和基本結構。

2. 行業準則則提供了針對特定行業的具體指南，幫助組織關注行業特有的重大影響和問題。

3. 主題準則則更加具體，針對特定永續發展主題（如水資源管理、員工權益等）提供了詳細的報告要求和指導。

整體而言，GRI 框架透過這三大類準則的分層，使組織能夠根據自身的具體情況和需求，靈活而全面地報告其對永續發展的貢獻和影響。這一框架不僅幫助組織提高透明度和責任感，也使利害關係人能更好地理解組織的永續發展實踐和成果。

行業準則和主題準則的差別：

1. **行業準則**：行業準則著重於特定行業內的重大主題和議題。它們提供了針對特定行業可能面臨的獨特經濟、環境和社會影響的指導，行業準則幫助組織了解和報告在其特定行業背景下最重要的持續發展問題。

2. **主題準則**：主題準則提供了跨所有行業適用的關於特定永續發展主題（如勞工實踐、環境影響、社會影響等）的報告指導，這些準則涵蓋了組織運營中可能影響的廣泛經濟、環境和社會領域，對所有行業都有普遍的適用性。

如果不知道企業要如何撰寫重大主題的話，下面提供讀者幾種方式作為參考：

1. **識別潛在主題**

   企業需先了解跟識別其活動、產品或服務相關的所有潛在經濟、環境和社會影響。此階段可以透過內部審核、利害關係人諮詢及業界比較來完成。

2. **排出優先順序**

   對識別出的潛在主題進行優先順序整理，確定哪些對組織及其利害關係人最具影響力。優先排序首先應考慮影響的範圍、嚴重程度及可能的影響。

3. **與利害關係人之參與**

   企業需與利害關係人進行溝通，了解他們認為哪些主題最重要，利害關係人的見解有助於確保報告涵蓋的議題與組織的利害關係人所關心的

議題一致，之後根據優先排序和利害關係人的反饋，最終就可以確定重大主題清單。

5.2.2　完成 ESG 報告書並揭露時須注意事項

企業在好不容易完成 ESG 報告書後，要注意是否有依循 GRI 準則中的九項要求，才能依循 GRI 準則進行報導，這九項要求則是確保企業的永續報告書全面、準確且有用。以下為各位說明這九項要求。

1. **應用報導原則**：組織必須遵循 GRI 報告原則，這些原則提供了報告質量的基礎指南，包括準確性、透明性、平衡性、及時性等。

2. **報導 GRI 2**：一般揭露 2021 中的揭露項目：組織需報告關於其組織概況、策略、倫理和完整性、治理、利害關係人參與及報告實踐的資訊。

3. **決定重大主題**：透過一個正式的過程，識別和決定對組織及其利害關係人來說最重要的永續發展議題。

4. **報導 GRI 3**：重大主題 2021 中的揭露項目：基於決定的重大主題，報告該過程、重大主題列表及管理每個重大主題的方式。

5. **針對每個重大主題，報導 GRI 主題準則中的揭露項目**：對於每個被識別為重大的主題，報告相關的 GRI 主題準則中的具體揭露項目。

6. **針對組織無法符合的揭露項目及要求提供省略理由**：如果組織無法提供某個要求的資訊，必須在報告中說明省略的理由。

7. **發布 GRI 內容索引表**：創建一個索引表，列出報告中包含的所有 GRI 標準和揭露項目，並指示讀者在報告的哪個部分可以找到這些資訊。

8. **提供使用聲明**：在報告中明確聲明該報告是否依照 GRI 標準，以及是依據哪個選項（「依循」或「參考」）來進行的。

9. **通報 GRI**：向 GRI 報告或通知您的報告，這一步可依據企業自己本身的需求決定，並非強制性。

在 GRI 準則中有特別註明，如果企業或組織不符合上面九項要求，則不能宣告其依循 GRI 準則編製報導資訊；而企業或組織若符合上述所規定之要求，則組織可宣告為參考 GRI 準則編製報導資訊。

5.3 ESG 報告之 TCFD

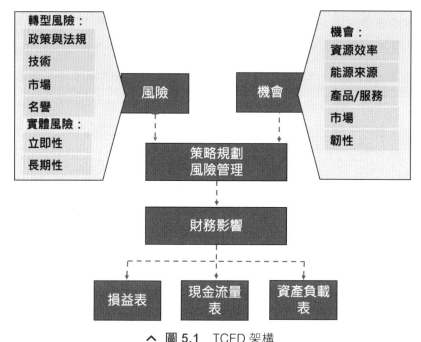

△ 圖 5.1 TCFD 架構

資料來源：2019TCFD 氣候相關財務揭露建議繁體中文版

如前所言，氣候相關財務揭露（Task Force on Climate-related Financial Disclosures，TCFD）工作小組於 2015 年由國際金融穩定委員會（Financial Stability Board，FSB）所成立，為擬定一套具一致性的自願性氣候相關財務資訊揭露建議，以協助投資者與決策者瞭解組織在氣候相關重大風險，並可更準確評估此類氣候相關的風險與機會。而其適用於各類組織，包含金融機

構等，目的為收集有助於決策及具前瞻性的財務影響的資訊，其中更高度專注組織邁向淨零轉型所涉及的風險與機會。[1]

TCFD 的建議框架包含「治理」、「策略」、「風險管理」，以及「指標和目標」四大核心要素，以下分別說明：

- **治理**：建立完善的氣候相關風險管理制度，確保董事會和高層管理人員對氣候相關議題的承諾。

- **策略**：思考氣候影響相關風險和機會，並將其納入其組織整體策略，並制定具體的減緩和適應措施。

- **風險管理**：識別和評估其氣候相關風險，並採取適當的措施來管理這些風險。

- **指標和目標**：設定明確的氣候相關指標和目標，之後透過定期監測以了解其進展情況。

截至 2023 年 8 月，全球超過 4000 家企業、組織紛紛簽署 TCFD。[2] 除了臺灣以外，目前巴西、歐盟、香港、印度、日本、紐西蘭、新加坡、瑞士、英國、美國……等等多個國家或地區也已開始要求強制揭露與 TCFD 架構一致的氣候風險揭露[3]。另外，全球前 100 大企業，已有 97 家宣布支持 TCFD[4]。

TCFD 在台灣的推廣也取得了一定成效。根據 TCFD 的統計，截至 2023 年，台灣已有超過 151 家企業採用 TCFD 的建議框架[5]。TCFD 是全球氣候變遷治理與公司策略設定的重要框架，其推廣將有助於企業更好地管理氣候風險，並為全球應對氣候變遷做出貢獻。

[1] 資料來源：產業永續發展整合資訊網
https://proj.ftis.org.tw/isdn/Message/MessageView/245?mid=47&page=1

[2] 資料來源：CSRone https://csrone.com/news/7961

[3] 資料來源：台灣大學社會科學院風險政策與社會研究中心網站
https://rsprc.ntu.edu.tw/zh-tw/m01-3/climate-change/1709-tcfd-01.html

[4] 資料來源：CSRone https://csrone.com/news/8150

[5] 資料來源：CSRone https://csrone.com/news/7961

接下來以《台積公司 109 年度氣候相關財務揭露報告》這本台積電的氣候相關財務揭露報告為例說明 TCFD 的做法。在這份報告中，其「治理」、「策略」、「風險管理」，以及「指標與目標」的內容分別為：

一、治理

報告中說明「成立 ESG 指導委員會，由董事長與經營團隊組成，負責核定氣候變遷願景、策略與長期目標，推動相關具體作為，並每季向董事會報告」。

其中「ESG 指導委員會」是台積公司氣候變遷管理的最高組織，由董事長擔任主席，「ESG 委員會主席」出任執行祕書。

「ESG 委員會」擔任垂直整合、橫向串聯的跨部門溝通平台，此委員會主席由台積電的董事長指派高階主管擔任，每季由主席對董事長報告執行成果。「節能減碳委員會」則是台積電執行及管理氣候變遷風險與機會行動的組織，主席由負責晶圓廠營運的資深副總經理擔任，管理氣候變遷實體／轉型風險與機會的相關行動。

另外有「風險管理指導委員會」，此委員會由台積電的各組織指派代表組成，以風險事件發生頻率及營運衝擊進行風險矩陣評估與執行。而因為 TCFD 看的就是氣候風險，所以要跟公司其他風險結合來看。

▲ 圖 5.2 台積電的氣候變遷治理架構
資料來源：台積公司 109 年度氣候相關財務揭露報告

由這樣的治理組織，可以看出台積電對氣候變遷的看重。

二、策略

報告中說明「減緩：推動永續製造／使用再生能源／提升能資源效、調適：強化氣候韌性、提供具節能效率的技術、建構低碳供應鏈」。

其中所提到的關鍵因應策略是由先討論出如下圖的「氣候變遷風險與機會矩陣」，再依此對應出轉型風險／氣候機會，而由這些風險與機會對應出正面／負面的潛在財務影響，以及必須做的關鍵因應策略。

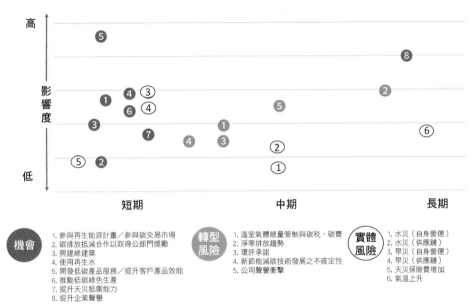

△ **圖 5.3** 台積電 109 年出的氣候變遷風險與機會矩陣

資料來源：台積公司 109 年度氣候相關財務揭露報告

三、風險管理

報告中說明「氣候風險納入企業風險管理（ERM）管理流程、跨部門合作執行價值鏈氣候相關風險／機會鑑別，評估財務衝擊與擬定因應對策」。

此份報告提及的企業風險管理管理流程如下：

步驟一、風險鑑別與評估：報告中提及的作法

- 風險管理指導委員會及董事會之審計委員會[6]審視並核准風險策略執行及風險控管的優先順序。
- 風險管理執行委員會以風險矩陣評估風險事件發生頻率及營運衝擊。

步驟二、風險控制及減緩：報告中提及的作法

- 風險管理專案進行跨組織的風險溝通，促進各組織強化風險控制、減緩方案。
- 風險管理執行委員會執行風險控制方案及持續改進。
- 各單位將風險控制納入年度內控自評審視檢討。

步驟三、風險應對：報告中提及的作法

- 風險管理工作小組制定危機管理及企業營運持續計畫。
- 風險管理專案規劃執行重大危機事件應變及演練。
- 各單位落實企業營運持續計畫訓練與執行。

步驟四、風險監控及報告：報告中提及的作法

- 風險管理重點、風險評估及因應措施由風險管理組織彙整，分別向風險管理指導委員會及董事會之審計委員會進行報告。[7]

而步驟四執行完後會回到步驟一形成循環。而由其中內容，可以看出台積電在結合內控的風險管理，以及執行上的重視與認真。

---

[6] 根據台積公司 109 年度氣候相關財務揭露報告，審計委員會職責為監督公司整體營運風險（包含氣候相關風險）。

[7] 此處提到的台積電的風險管理管理步驟，直接以引號包含表示其為報告中原內容。

四、指標與目標

報告中說明「訂定氣候相關績效指標與量化目標，定期追蹤達成度，並對外透明揭露、確立『民國 139 年淨零排放』長期目標」。[8] 在這份報告中得知台積電依照之前「策略」、「風險管理」的步驟，接下來設定了四大管理策略，民國 119 年長期目標：「減緩」、「低碳產品與服務」、「供應鏈減碳」，以及「調適」。在報告中可以看到量化指標與達成情形。

另外還有其他氣候相關管理指標：「能源使用（百萬度）（包括電力、天然氣與柴油）」、「再生能源使用（百萬度）」、「用水量（百萬公噸）」、「製程用水回收率（%）」，以及「總節水量（百萬公噸）」。在此報告中有從民國 105 年到 109 年的數據紀錄。

台積電也將 TCFD 報告多數內容整合至 109 年的企業社會責任報告書（也對應到現在的永續報告書）的「實踐永續管理」的單元中[9]，讀者可以在台積電官方網站找到這兩份報告。本書附錄 D 中也有對應的 QR code 可協助下載。

5.4 ESG 報告之 SASB

SASB 準則由永續會計準則委員會（Sustainability Accounting Standards Board）發展，準則的目的是為了讓企業能夠更全面、完整地揭露永續資訊，並且這些資訊是值化與量化並行的，以滿足投資者對於企業永續價值的資訊需求，目前已是一套被廣泛採用的框架。

SASB 準則的核心在於其對於財務面的強調。這意味著報告的焦點是那些可能對企業財務表現或營運產生實質影響的 ESG 問題。這種方法與其他 ESG

8　資料來源：台積公司 109 年度氣候相關財務揭露報告
　　https://esg.tsmc.com/download/file/TSMC_TCFD_Report_C.pdf

9　資料來源：《台積公司民國 109 年度企業社會責任報告書》第 91 頁開始
　　https://esg.tsmc.com/download/file/2020-csr-report/chinese/pdf/c-all.pdf

報告框架不同，後者可能更注重廣泛的利害關係人溝通或對環境和社會影響的全面評估。

它特點在於提供了一套可依據個別產業的機會和風險，制訂對該產業財務重大影響的一致產業指標和衡量方式。這些準則涵蓋五大面向——社會資源、人力資源、商業模式與創新、領導力及公司治理、環境與 26 項通用 ESG 議題的「重大性地圖」（Materiality Map）。SASB 準則的設計考慮到了不同行業之間的差異，因此分為 11 個產業別，提供了 77 種行業標準，涵蓋了從農業到金融服務的各個領域。每個行業標準都包含了一組獨特的指標，這些指標專門針對該行業的營運特點和關鍵 ESG 問題。這種定制化的方法使得 SASB 報告能夠更加精確地反映出企業在其特定行業中面臨的 ESG 挑戰和機會。

△ 圖 5.4　SASB 的五大面向 26 個通用議題對應 ESG
圖源：YouTube https://www.youtube.com/watch?v=-Sq9fjPMrAg

SASB 準則的另一個關鍵特點是其對於量化數據的重視。這不僅有助於提高報告的可比性，也使得投資者能夠更容易地評估和比較不同企業的 ESG 表現。例如，SASB 要求企業揭露特定的環境指標，如溫室氣體排放量，或社會指標，如員工安全事故率。這些數據點提供了一個客觀的基礎，用於衡量

企業在 ESG 方面的進展。透過這些準則，企業可以向投資者披露具有財務重要性的可持續資訊，進而協助投資者落實永續投資，推動永續發展。

在實作中，SASB 準則的應用涉及多個階段。首先，企業需要識別其營運中的關鍵 ESG 問題，這通常涉及與各方利害關係人的廣泛溝通。接著，企業將這些問題與 SASB 提供的行業標準相對照，確定哪些指標最具材料性。然後，企業收集相關數據，並在其 ESG 報告中進行揭露。最後，為了增加透明度和可信度，許多企業會選擇讓第三方機構對其報告進行驗證。

SASB 準則的實施對企業來說既是挑戰也是機會。它要求企業必須對其 ESG 實踐進行深入的自我評估，並對外公開透明地報告。這不僅有助於建立投資者信任，也促進了企業在永續發展方面的持續改進。隨著全球對 ESG 問題的關注日益增加，遵循 SASB 準則的企業可能會發現自己在投資者和消費者眼中更具吸引力。

總結來說，SASB 準則為企業提供了一個強有力的工具，幫助企業揭露對財務有重大影響的永續資訊的標準，以量化和標準化的方式來報告其 ESG 表現，它強調資訊的可比性，並專注於對投資者財務重大的永續資訊揭露，使得企業的永續報告更具透明度和一致性。透過這種方法，企業不僅能夠更好地管理其 ESG 風險和機會，也能夠在全球範圍內展示其對永續發展的承諾。隨著越來越多的企業將 ESG 整合到其核心業務策略中，SASB 準則可能會成為未來企業報告的黃金標準。

SASB 準則的優點主要包括以下幾點：

1. **具體明確的永續面指標**：SASB 準則提供了清晰的永續發展指標，這些指標涵蓋環境、社會資本、人力資本、商業模式、領導與治理等五大面向，並展開 26 項相對應的議題，每個行業有獨特的組織活動和可永續發展概況，特定披露子題因此不同。

2. **產業特定指標**：SASB 準則根據不同產業的特性，制定了 11 項產業別、77 項行業別的指標，確保每個 ESG 指標都與產業的永續經營現實相對接。

3. **可比性**：SASB 準則允許在同一產業或行業別中，不同公司的永續表現可以進行比較，這為投資者提供了明確的資訊揭露依據，有助於投資決策。

4. **強調與投資人溝通**：SASB 準則的指標設計是為了與投資人有效溝通，凸顯產業風險及機會，並有效傳達對財務有重大衝擊的永續資訊。

5. **指標有明確的衡量方法**：SASB 準則對指標的衡量方法有明確的指引，這有助於企業對各產業風險與機會制定對財務影響重大的一致指標，並透過量化指標讓投資人可以參考比較。

這些優點使得 SASB 準則成為企業在撰寫永續報告時的重要參考標準，有助於提升永續報告的品質和可信度。

接下來談談運用 SASB 之基本步驟，SASB 提供了一套針對不同產業的永續發展指標，幫助企業揭露對財務有重大影響的永續資訊。以下是一些基本的步驟來運用 SASB 準則撰寫永續報告書：

1. **了解 SASB 準則**：首先，您需要熟悉 SASB 提供的各產業指標和重大性地圖（Materiality Map），這將幫助您識別哪些永續議題對您的產業來說是最重要的。

2. **識別重大性議題**：根據您的產業特性，選擇與您業務相關且對投資人來說具有財務重大性的永續議題。

3. **收集和衡量數據**：對於選定的重大性議題，收集相關數據並根據 SASB 準則提供的方法進行衡量。

4. **撰寫報告**：在報告中，清晰地說明您的組織如何管理這些重大性議題，以及這些議題如何影響您的財務表現和營運策略。

5. **對外溝通**：將撰寫好的永續報告書與投資人和其他利害關係人分享，並準備好回應他們可能的問題和關注點。

這些步驟將幫助團隊有效地運用 SASB 準則來撰寫一份全面且對投資人有用的永續報告書。如果您需要更詳細的指導或範例，可以參考相關的專業文章或指南。

底下為使用 SASB 準則撰寫永續報告書的參考案例：

假設有一家名為「AIoT 綠能科技公司」的企業，它專注於可再生能源的開發與應用。該公司希望在其永續報告書中，根據 SASB 準則揭露對投資者財務重大的永續資訊。

步驟一：選擇適用的 SASB 行業標準

首先，AIoT 綠能科技公司需要確定其所屬的行業類別。根據 SASB 的行業分類，該公司可能屬於「可再生資源與替代能源」類別。公司需要參考這一類別下的 SASB 標準，來確定哪些指標對其業務最為重要。

步驟二：識別重大性議題

接著，公司需要識別哪些永續議題對其財務表現有重大影響。例如，對於綠色能源科技公司來說，溫室氣體排放、能源管理、產品生命週期影響等可能是重大性議題。

步驟三：收集數據並衡量表現

公司需要收集相關數據，如其減少溫室氣體排放的具體數值，以及實施能源管理措施的成效等。這些數據將用於衡量公司在這些重大性議題上的表現。

步驟四：撰寫和組織報告內容

公司將根據收集到的數據，撰寫永續報告書的相關章節。報告中應詳細說明公司如何管理這些重大性議題，以及這些管理措施如何對公司的財務表現產生影響。

步驟五：對外溝通和報告

最後，AIoT 綠能科技公司將其永續報告書公開發布，並與投資者及其他利害關係人進行溝通。這有助於提升公司的透明度，並展示其對永續發展的承諾。

這個案例展示了如何根據 SASB 準則來撰寫一份永續報告書。實際的企業案例中，例如台灣的華碩、國泰金控和玉山金控等，都已經採用 SASB 準則進行資訊揭露，並被列於 SASB 官方網站中。這些企業的報告可以作為參考，

幫助其他企業了解如何運用 SASB 準則來提升永續報告的品質和透明度。如果需要更多具體的案例或指導，可以參考相關的專業文章或指南。

另外，如果原本有運用 GRI（請參考 5.2）撰寫永續報告書，因為這兩套準則各有其強調點和優勢，並且可以互相補充。以下是一些具體的方式，透過融合 GRI 和 SASB 來提升永續報告書的品質：

1. **全面性與專注性的結合**：GRI 提供了一套全面的永續報告框架，涵蓋經濟、環境和社會影響的廣泛議題。而 SASB 則專注於對投資者財務重大的永續資訊揭露。透過結合這兩套準則，企業能夠提供更全面且對投資者更有價值的報告。

2. **重大性議題的深入分析**：GRI 和 SASB 都強調重大性議題的揭露，但 SASB 更專注於財務重大性。融合這兩套準則可以幫助企業從不同角度深入分析和報告重大性議題，進而提升報告的品質。

3. **滿足不同利害關係人的需求**：GRI 準則適用於廣泛的利害關係人，包括消費者、員工和社區等，而 SASB 準則則專注於投資者。融合兩套準則可以幫助企業滿足更多元化的利害關係人需求。

4. **提高永續報告的可信度**：透過使用國際認可的準則，企業的永續報告更具可信度和權威性。這有助於建立企業的品牌形象，並增強利害關係人的信任。

5. **增加報告的可比性**：使用 GRI 和 SASB 準則可以提供一致性的報告格式，使得不同企業間的報告更容易比較，這對於投資者來說是非常有價值的資訊。

更詳細資訊可參考 GRI 及 SASB 於 2020 年 7 月共同發布「永續報告實務指南——參考 GRI 與 SASB」。

許多企業不僅已依照 SASB 準則進行揭露，還選擇同時採用 GRI 和 SASB 的標準來撰寫永續報告書，以滿足不同利益相關者的需求。例如台積電、國泰金控、Nike、ArcelorMittal 鋼鐵礦業、PSA 汽車集團等。這些企業的採用，顯示了 SASB 準則在台灣逐漸受到重視，並被用於提升永續報告的品質和透明度。這對於投資者來說是一個重要的資訊，因為它們可以更好地評估這些

企業的 ESG 表現和相關風險。隨著全球對永續發展的關注持續增加，我們可以預期會有更多企業選擇採用 SASB 或其他永續報告準則。

SASB 準則、IFRS 會計準則的關聯、國際上發展趨勢

SASB 準則與 IFRS 會計準則（International Financial Reporting Standards）之間的關聯主要體現在兩者對於永續報告的共同目標上。SASB 準則著重於行業特定的永續報告，而 IFRS 則提供了一套全球通用的財務報告框架。近年來，國際永續準則理事會（ISSB）的成立將 SASB、國際整合性報導委員會（IIRC）、價值報導基金會（VRF）以及氣候揭露準則理事會（CDSB）併入 IFRS 基金會，這一舉措旨在統一全球永續報告準則，以提供更一致、可比較及高品質的永續報告。

國際上 ESG 報告的發展趨勢顯示，永續報告正變得越來越重要。例如，歐盟已經批准了歐洲永續發展報告準則（ESRS），並計畫在 2023 年 6 月 30 日之前採用，這將影響到歐盟內約 5 萬家企業的報告標準。美國證券交易委員會（SEC）也公告了強制上市公司揭露溫室氣體排放數據的要求。此外，IFRS 基金會為促進永續資訊揭露基準能全球漸趨一致，成立 ISSB 進行框架接軌，並於 2023 年 6 月 26 號發布 IFRS 永續揭露準則（S1 及 S2），整合了 TCFD、SASB 及 CDSB 等永續揭露標準。

SASB 準則原文版資料可利用附錄 D 的 QR code 下載。

5.5 結論

企業在撰寫 ESG 永續報告時，最好選擇符合其業務特性、利益相關者需求和永續發展目標的方式。一般而言，建議還是採用 GRI 標準。

由於 GRI 標準是最廣泛接受和使用的 ESG 報告標準之一，其框架提供了詳盡的指導原則，包括報告的範圍、目標、指標和準則，有助於企業制定全面的 ESG 報告。

選擇 GRI 標準也有下面幾項好處：

1. **被廣泛認可**：GRI 標準被廣泛接受和認可，涵蓋了多個行業和利益相關者，有助於提升報告的透明度和可信度。

2. **具有全面性**：GRI 標準提供了一套全面的指南，幫助企業評估和報告其經濟、環境和社會績效，符合多元化報告需求。

3. **具備可比較性**：GRI 標準強調了報告的可比性，使得不同企業的報告可以進行比較分析，進而更好地理解行業趨勢和最佳實踐。

4. **具備可信度**：GRI 標準鼓勵企業與利益相關者合作，以確保報告反映了各方的關切和期望，增強了報告的可信度和影響力。

綜合考慮以上因素，採用 GRI 標準是一般企業撰寫 ESG 永續報告的較佳方式。然而，企業還是可以根據自身情況和需求，來選擇最適合的標準和框架。

另外需要一提的是 2020 年 7 月，企業永續報告領域的主要制定機構 SASB（永續會計準則委員會，Sustainability Accounting Standards Board）與 GRI（全球報告倡議組織，Global Reporting Initiative）宣布共同展開「合作企劃」，旨在協同解釋兩者準則如何相互契合於單一報告中，同時提供真實報告案例供參考。值得注意的是，雖然 SASB 與 GRI 兩者制定的準則有所不同，然而彼此並非矛盾，僅因對象與資訊揭露層面有所不同而有所差異。GRI 所訂定之準則著眼於多元利害關係人（從公民團體到投資者），因此所涵蓋的議題廣泛，揭露之永續資訊相當豐富。相對地，SASB 準則主要服務投資者需求，因此資訊揭露聚焦於財務相關永續資訊，以及對投資者具有關聯性之內容。

另外，台灣金管會於 2023 年修正「公開發行公司年報應行記載事項準則」，臺灣證交所則在 2023 年也公布了「上市公司編製與申報永續報告書作業辦法」，這也需要注意，金管會公布項目中有五大重點：

1. 永續報告書宜經董事會決議通過。

2. 實收資本額 20 億元以下的上市公司，應自 2025 年起編製永續報告書，並鼓勵永續報告書可參考 SASB 準則揭露行業指標資訊。

3. 實收資本額 20 億元以上的水泥工業等 11 種產業別上市公司，應適用產業別永續指標；

4. 修正有關溫室氣體盤查及確信相關資訊，並明定上市公司分階段適用揭露減碳目標、策略及具體行動計畫之時程；

5. 考量上市公司編製永續報告書及確信作業時程規劃之實務，明定公司應於每年 8 月底前完成申報永續報告書。

至截稿為止，臺灣證交所在 2024 年修正了「上市公司編製與申報永續報告書作業辦法」其中有三項值得特別注意的地方。

1. 規範實收資本額 20 億元以下的上市公司，自 2025 年起編製 2024 年的永續報告書，並為鼓勵企業參考國際準則，於作業辦法加入可參考 SASB 準則揭露行業指標資訊。

2. 為強化氣候資訊揭露內容，且自 2025 年起至 2026 年止，依下述時程適用揭露減碳目標、策略及具體行動計畫。

   - 第一階段，2025 年應揭露的上市公司為實收資本額達 100 億元以上的上市公司、鋼鐵工業及水泥工業。

   - 第二階段，2026 年應揭露的上市公司為實收資本額達 50 億元以上且未達 100 億元者。

   - 第三階段，2027 年應揭露的上市公司為實收資本額未達 50 億元者。

3. 為鼓勵上市公司重視永續報告書編製與申報，明訂永續報告書宜經董事會決議通過。另考量上市公司編製永續報告書及確信作業時程規劃之實務，上市公司應完成申報永續報告書之時點調整為每年八月底前。

另外在「上櫃公司編製與申報永續報告書作業辦法」中特別有說明，符合第二條第一項第一款及第二款之上市公司，應依產業別加強永續指標之揭露，因此如果是在這些附件一中所屬的相關產業，需要依據作業辦法中所載明的**永續揭露指標**，記錄在企業永續報告書之中。

構面	一般議題	食品	化工	金融保險	水泥	塑膠	鋼鐵	油電燃氣	電子相關
環境	溫室氣體	●	●		●	●		●	
	能源管理	●	●		●	●	●	●	●
	水資源	●	●		●	●	●	●	●
	廢棄物	●		●			●		●
社會	客戶隱私			●					
	資訊安全			●					
	產品品質與安全	●	●					●	
	顧客福利	●				●			
	銷售及產品標示	●							
	標示	●							
人力資本	勞工安全	●		●	●	●	●	●	●
商業&創新	產品設計及生命週期								●
	供應鏈管理	●							
	原物料來源	●							
領導&治理	反競爭								●
	重大事件風險管理								●

∧ 圖 5.5　永續揭露指標

資料來源：上櫃公司編製與申報永續報告書作業辦法

如果本書讀者未來對於企業在撰寫永續報告書有疑問的話，也可以上公司治理中心網站（附錄 D 有 QR code）裡面有完整的資料、法規介紹及問與答可供企業未來在撰寫上永續報告書之時，提供很好的協助。

永續及雙軸轉型產業
應用實例

提到數位轉型，大家第一個想到的是工業 4.0，也就是歐盟提出的工業的聯網化到智慧化的架構。在 2020 年，歐盟又發起了工業 5.0。工業 5.0 的出現，是因應人們希望把人、社會與環境三個維度一起納入考量。歐洲議會提出的工業 5.0 有三大支柱：以人為本、韌性，以及永續。為了達成韌性，就要導入敏捷的方法，而永續就是環境、社會跟經濟三個方面同時考量。

著名市場研究機構 Frost & Sullivan 做了工業 5.0 跟工業 4.0 比較，得出有五大的不同：

1. 工業 5.0 聚焦於提供客戶體驗，而工業 4.0 聚焦於機器間連結。

2. 在客製化方面，工業 5.0 的客製化程度比工業 4.0 更高的多，到達超級客製化，不只是大量客製化。

3. 在供應鏈方面，工業 5.0 要達到響應式和分佈式供應鏈，而工業 4.0 要達到供應鏈智慧化。

4. 工業 5.0 是以體驗啟動產品，而工業 4.0 則是產品智慧化。

5. 對人力方面，工業 5.0 讓人力重新返回工廠，其核心就是永續，而面對整個世界的快速變化，要用敏捷的方法以及保持彈性。

2021 年「聯合國氣候變化綱要公約（UNFCCC）」指出，依目前碳排放趨勢，全球氣溫至 2030 年的上升幅度，將遠超過「巴黎協定」所訂定不超過攝氏 1.5 度目標。因此，聯合國氣候大會（COP26）通過了至 2030 年須減少 45%碳排放的目標。而為了提振疫後之經濟復甦，同時降低綠色轉型帶來的成本，歐盟的數位歐洲計畫（Digital Europe Programme）於 2021 年年底提出雙軸轉型（Twin transition）概念，主張透過數位科技協助企業數位轉型，同時結合永續發展議程，以利持續擴展數位化效益，並加速綠色轉型之進程。因此，由於國際淨零碳排潮流興起，製造業也必須由數位轉型前進至兼顧數位及低碳製造的雙軸轉型。[1] 而這也符合工業 5.0 的精神。

而提到永續，其作法除了以工業為思考主軸的工業 5.0，還有日本提出的以整體社會的未來數位化發展方向的社會 5.0。正如日本內閣府定義的社會 5.0：「一個以人為本的社會，透過高度整合網路空間和物理空間的系統來平衡經濟進步與社會問題的解決。」[2] 這也就是使用人工智慧，達成平衡社會發展與解決問題，以協助社會達成永續發展。而日本內閣府更進一步說明了「社會 5.0 將要實現的社會，將透過物聯網（IoT）連接所有的人和物，共享各種知識和訊息，創造以前從未存在過的新價值，進而解決這些問題和困難。此外，人工智慧將在需要時提供必要的資訊，機器人、自動駕駛汽車等技術將有助於克服少子老齡化、農村人口減少、貧富差距等問題。」[3] 而這就是本書所強調的 AIoT 永續轉型。

為了讓大家了解永續與雙軸轉型相關的作法，我們將各行各業利用人工智慧結合永續發展的作法，在接下來的章節中，針對「醫療健康業」、「金融業」、「工業」、「農業」、「零售業」、「運輸業與通信服務業」的應用分別做舉例說明。而在說明人工智慧相關案例時，也會搭配其 ESG 作為，讓大家看到這些案例中提到的廠商的用心。

---

[1]　資料來源：經濟部產業人才發展資訊網
https://www.italent.org.tw/ePaperD/9/ePaper20230100003

[2]　資料來源：日本內閣府網站 https://www8.cao.go.jp/cstp/english/society5_0/index.html

[3]　資料來源：日本內閣府網站 https://www8.cao.go.jp/cstp/english/society5_0/index.html

6

醫療健康業

—— 林玲如

6.1 介紹

就醫療健康業之 AIoT 數位轉型與 ESG 綠色轉型，廣義關乎運用 AIoT 的架構於食物（農業）維生營養、用水衛生及健康醫療環境，來管理衛生風險、促進個人及公共之健康福祉。其中農業請參考（第九章農業），本章說明將著重如綠能醫院、智慧醫療健康等以健康醫療自身轉型之探討。

而就 ESG 對應的聯合國 17 項永續發展目標 SDGs，從其子目標來看，就有 17 子項跟醫療健康業有關，說明如下：

- **目標 2 消除飢餓**：子目標 2.3 實現全球飢餓終結，實現糧食安全，改善營養，促進永續農業。

- **目標 3 健康與福祉**：子目標 3.1～3.d 共 13 項均相關。

- **目標 6 淨水與衛生**：子目標 6.3 改善水質，減少汙染，消除垃圾傾倒，減少有毒物化學物質與危險材料的釋出。6.b 支援及強化地方社區的參與以改善水與衛生的管理。

- **目標 12 負責任消費及生產**：子目標 12.4 在化學藥品與廢棄物的生命週期中，以符合環保的方式妥善管理化學藥品與廢棄物，大幅減少他們釋放到空氣、水與土壤中，以減少他們對人類健康與環境的不利影響。

關於 SDGs 環境面實踐，如減少溫室氣體排放的措施實施如 SDGs 目標 7 可負擔的潔淨能源，醫療健康業同其他多數產業為必須的低碳綠色轉型差異不大。

在 ESG 轉型面向來看，健康醫療產業中邁向永續，常考量下面投入：

1. **環境**：減少碳足跡、節約能源、減少廢棄物，以確保環境可持續。

2. **社會：**
   - 提高醫療機構的社會責任參與，改善醫療服務的可及性，並促進公平和包容性。確保品質的基本醫療保健服務，能夠負擔得起基本藥物和疫苗。
   - 疾病預防和控制：促進健康教育、健康生活方式，並加強疾病的預防和控制。
   - 提升心理健康關注：提高對心理健康問題的關懷，改善心理健康水準。

3. **機構治理**：加強醫療機構的治理結構，提高透明度，並確保有效的風險管理及可持續的醫療服務和照護。

同時，若能進一步善用數位科技，例如電子健康紀錄、遠程診斷和智能醫療設備，有助於改善醫療效率，提高患者的健康結果，則能成為 ESG 永續轉型的有效後盾。

另外，尤其隨著專業人力不足現象愈發嚴重，如何藉由 AIoT 協助推進智慧健康，是在提升醫療品質及健康生活的同時、成為面對需求與供給落差問題之重要解方，尤其國際上有許多長期永續之願景描繪（如附錄 A 談到的日本的社會 5.0），很借重 AIoT 支援新形態更理想之健康社會，透過 AI、自動化等科技，精準即時、有效防呆，能促成高效率診斷、提升健康照護效能，能預警健康風險與建議，讓醫護有更多心力介入人之必要照顧，亦面對人力

不足之挑戰、減少過勞醫護之疏失、降低成本，亦能節省民眾時間、以及有機會形成讓民眾學習更多健康責任主動承擔的情境。相當符合社會永續雙軸轉型以達 SDGs 目標之精神。

6.2 應用案例

雙軸轉型在醫療健康業應用可以相當多元，應用領域如流程管理協助與防呆、能源轉型、醫材減廢、診斷或處方合理性偵測／示警、輔助手術機器人、輔助臨床診療、照護協助、輔助臨床試驗、輔助藥物開發等等。

本節的架構分為雙軸轉型視角，以及醫療健康機構應用案例兩個部分，如圖 6.1。

∧ 圖 6.1　醫療健康業的雙軸轉型內容

6.2.1　雙軸轉型視角

站在綠色低碳轉型視角切入，循著循環經濟之基礎，並落地機構治理可持續發展之轉型，就有機會既照應健康醫療品質並實現資源節約、環境友好、生態平衡，以及人、自然、社會的和諧發展。

在實際應用策略上，這可能包括但不限於以下幾個方面：

1. **能源轉型**：透過使用再生能源和高效率能源設備來降低碳排放。例如，利用太陽能和風能來取代傳統的化石燃料。

2. **綠色手術**：更新舊有設備採能源效率高的醫療設備，採用智慧能源管理系統，優化流程以減少麻醉藥品和器材等。

3. **能源轉換**：鼓勵使用綠電代替傳統電力，並以天然氣和生質能取代燃煤。

4. **綠色供應鏈管理**：確保從原料採購到產品生產的整個過程都符合環保標準。

5. **循環經濟**：積極優化流程從原料替代、廢棄物衍生燃料和碳捕捉、利用與封存（CCUS）技術著手，推動資源的再利用和減少醫療或其他廢棄物。

6. **綠色建築與設施**：採用環保材料和設計，以減少對環境的影響。

7. **智慧化與數位化**：利用數位技術轉型來提升效率，減少資源浪費，如使用智慧化能源管理系統，以數位達到淨零減碳的目標。

從數位轉型視角來看，如側重提升品質與效率、兼顧解決醫護人力短缺及人員安全問題之視角切入，智慧醫療是重要之永續轉型。應用案例主要集中在利用數據分析、人工智慧（AI）、物聯網（IoT）等技術來協助。要特別注意的是，智慧能累積之前，健康醫療相關的高品質數據需要先被建立。例如南韓透過整合跨八個醫院、1500萬名病人的病歷數據並導入國際標準，將其儲放在CDW系統中做後續分析處理，為醫療數據與資訊規格統一之示範。

以下是一些智慧醫療常見的案例：

1. **服務機器人**：疫情期間，為降低人員在病房與醫院進出的感染風險，服務機器人被用來執行送餐、送藥和清消工作。這種自動化和無人化的新服務模式提升了營運韌性，同時兼顧了病患福祉。

2. **跨距安全**：遠距醫療服務的應用在疫情期間得到了快速發展，衛福部將遠距醫療納入健保，使得遠距看診在疫情三級警戒期間大幅增加。非接

觸式醫材如 AI 隔空聽診器的開發，透過微型貼片收集數據，結合 AI 技術進行監控，縮短了醫病距離，降低了染疫風險。

3. **數位分身預測**：英國新創公司 Iotics 在病床、維生系統、病人生理訊號等設置大量感測器，收集關鍵醫療資訊，打造肺部數位分身，模擬病人肺部氣流，並以數據訓練 AI，預測患者何時最需要呼吸器，以便正確判斷醫療資源分配。

4. **診療輔助**：台灣多家醫院開發了 AI 診斷軟體輔助診斷，用於辨識失智症、肺結節、食道癌等超過 30 項疾病。另外，國內電腦大廠開發的輔助復健解決方案，利用動態感測器穿戴於患者身上，偵測各部位關節提舉的角度，將原本抽象的復健姿勢量化，並將數據上傳雲端，幫助治療師設計專屬療程，解決復健人力不足或無法頻繁到院的問題。全球數百家醫院已採用電腦自動提供治療方案，腫瘤科醫師再根據臨床經驗判斷適合病患的治療。或是在數百萬個病例資料庫中，閱讀癌症或其他病灶的醫學診斷圖像，提升診斷和治療的正確率，補助醫師進行診療。

5. **AI 預警系統**：中國醫藥大學暨醫療體系開發了「智抗菌」、「智救心」、「智護肺」等 AI 預警系統，以增加病人存活率。衛生福利部桃園醫院採用結合 FaceMe 人臉辨識的門禁篩檢系統，確保醫護人員與病人的健康。

6. **個人化健康諮詢**：台灣有計畫建構一個結合雲端、區塊鏈、IoT、網路安全、5G 及 AI 技術的精準健康大數據永續平台。這個平台將能夠提供個性化的健康建議和早期診斷，並降低醫療照護成本。

這些應用策略不僅有助於提升安全與效能、降低產業的碳足跡，也能增強機構的國際競爭力，帶來綠色轉機和永續發展的機會。有助於醫療健康產業在追求經濟效益的同時，也能保護環境，實現長遠的永續發展。

6.2.2 醫療健康機構應用案例

接下來以不同醫療健康機構為例，概略了解其實現永續與數位轉型之應用作為參考：

案例 1：美國梅約醫療國際集團的雙軸轉型

美國梅約診所（Mayo Clinic）是全球最具代表性的醫療院所之一，以卓越的醫院管理、醫療創新能力和開放精神聞名於世。

以下是其低碳轉型方面的一些作為：

1. **綠色能源使用**：梅約診所致力於使用可再生能源，例如太陽能和風能，以減少對傳統能源的依賴。

2. **能源效率改進**：實施了許多能源效率改進，包括使用高效照明、加強建築絕緣、採用節能設備等。

3. **減少廢棄物和資源回收**：實行廢棄物分類和回收，並鼓勵員工和病患參與減少浪費的活動。

4. **綠色交通選項**：梅約診所鼓勵員工使用公共交通工具、自行車或步行上下班，以減少汽車排放。

5. **環保意識培訓**：定期舉辦環保意識培訓，提高員工對節能減碳的認識。

數位創新

近年來，梅約診所積極導入人工智慧（AI）技術，以發揮實現「沈浸式的全人健康照護」的真正價值。

1. **降低醫療人員負荷**

   - 人工智慧有助於減輕醫療人員的工作壓力，不需要專注於重複的例行事務，進而減少專業人員流失。

   - 持續訓練後，人工智慧能夠維持高精準度和快速診斷，減少患者奔波醫院查看報告和重新診斷所花費的心力，降低治療單一疾病的成本。

2. **應用機器學習與人工智慧**

   - 梅約診所的心臟科醫師使用深度學習演算法，透過心電圖的微小電訊號，預測心導管瓣膜置換術後的患者是否可能出現傳導受阻。

- 跨領域團隊成功建立了冠狀動脈疾病、瓣膜疾病、左心室擴張、高血壓和先天性心臟病等疾病的預測模型。

- 使用高清超音波成像來支援癌症診斷,可增強癌症檢測和患者預後。

- 為改善患者的預後,利用尖端工具和技術為患者量身定製個人化治療方案。

3. **整合內部數據與外部人工智慧的專家合作**

- 梅約診所建立了自有的數據平台,讓數據人員能夠主動為各科部發掘適用的人工智慧模型。

- 與外部的人工智慧企業合作,解決臨床數據整合速度緩慢的問題,並在醫療用雲端進行運算、儲存和分析資料的工作。

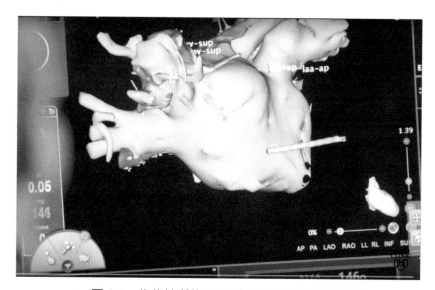

∧ **圖 6.2** 梅約診所使用 3D 數位工具了解病人狀況

圖源:YouTube https://www.youtube.com/watch?v=u0sTu9uIbSQ

案例 2：長庚醫療財團法人的雙軸轉型

長庚醫院在醫院治理向來非常卓越，於社會共融以行動倡議影響政策，並提升兒童照護福祉。於雲林偏遠地區提供高齡友善照護。而其節能減碳方面則展現了積極的轉型，以下是一些相關的低碳轉型措施：

低碳醫院～節能減廢計畫：

1. 以 7 年期減 7% 為目標，透過節能措施降低能源用量

2. 採用多項綠材料和節能科技（如太陽能光電、變頻高效率空調主機、變頻式電梯、電能回生系統等），提高能源使用效率。並運用智能化安衛管理來提升環境安全、節能效率及效能。

3. 積極推動綠色採購，購置節能、省水、節電的器材設備。

4. 推動電力分區管理、用水節約、系統設備改善等，有效降低碳排放量。

5. 綠色建築：林口長庚新的轉運站是綠建築，採用環保材料和設計，以減少對環境的影響，成為亞洲第一家取得 LEED-HC 白金級認證的醫院。另外，台北長庚醫院之大樓準備重建，將朝智慧型綠建築設計。

數位創新

長庚在智慧醫療領域投入大量資源。例如，在藥事照護方面發展了智慧藥事照護的軟、硬體設備，包括智慧調劑櫃，以提高藥物調劑效率和確保病人用藥安全。此外，他們也致力於無痛毒物檢測、心房顫動治療等創新領域加速提升醫療品質，以下是長庚醫院一些值得注意的數位創新領域：

1. **智慧醫院**：以智慧科技提升醫療品質的有「數位創新藥事照護」、「無痛毒物檢測」、「精準電燒抗心房顫動」和「中醫良導絡」。「智能化安衛管理」、「藥物管理轉型」、「整合叫車平台」和「會計管理」等行政或環境管理輔助。此外，提供客戶使用之「長庚 e 指通」讓客戶在接受醫療服務之前中後的程序更便利。

2. **AI 落地審查機制**：醫院運用了病理數位 AI 和嬰幼兒髖關節發育不良預測模型等。

3. **精準醫療大數據應用**：整合資訊互通，例如醫病共享決策數位平台和參與式自主健康管理應用。

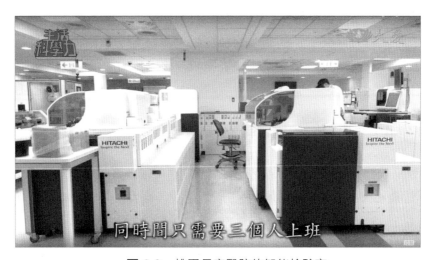

∧ **圖 6.3** 桃園長庚醫院的智能檢驗室

圖源：YouTube https://www.youtube.com/watch?v=vtYc0B5KABE

 案例 3：衛生福利部雙和醫院的數位創新

近年來，雙和醫院亦強化產業鏈結與合作。深耕社區推廣健康促進活動。並積極發展基因檢測與細胞治療，推動智慧醫療。

🔍 **數位創新**

雙和醫院在推動數位轉型和智慧醫療方面的一些亮點：

1. **智慧 e 路通專案**：這個專案從病人端擴展到醫療照護與醫務管理，透過 AI 應用在各領域導入智慧創新作法。雙和醫院積極推動數位轉型，透過大數據、數位技術創新和人工智慧驅動精準醫療，邁向高品質、高績效的國際一流大學醫院。

2. **全方位腎力精準數位醫療系統**：運用 AI 即時演算，每個月平均可辨識出 300 位急性腎損傷患者，輔助醫療團隊迅速且精準辨識並及早介入，避免患者惡化為永久透析的末期腎臟病，同時為工作同仁省下每月 75 小時的作業時間。

3. **清床系統自動派工**：加速病床週轉，搭配視覺化動態病床管理系統有效減少病人等待。

4. **與雙和校區的資源整合**：雙和醫院成為台灣唯一具有產業、醫院、學校三位一體的資源融合場域。這有效促成人工智慧醫療與數位研發，加速取得專利並落實應用，讓雙和醫院成為國際頂尖大學的創新型智慧醫院，並在快速變化的環境中，增強韌性與創新力，實現永續經營之目標。

 ## 案例 4：臺大醫院的雙軸轉型

臺大醫院進行管理轉型並推動智能化管理，期待維護環境並提升醫療品質，打造更環保、永續發展的醫療環境。以下是一些臺大醫院在節能減碳方面的作為：

1. **數位管理**：配合衛生福利部推動數位同意書、數位收據和醫令電子化，採用電子文書管理，透過無紙化、數位化的方式，減少紙張使用降低碳排放量。同時導入碳盤查和估算工具，建立醫療照護人員的淨零觀念。透過碳盤查檢視醫療過程中的碳排放量，進一步推進碳排放減量。

2. **節能減廢**：鼓勵共乘及大眾交通工具，並成立節能減廢小組定期檢討改善水、電、醫療器物等用量和廢棄物管理成本，以及單位電源開關分區設置等。

3. **創新減碳措施**：臺大醫院也積極尋求創新的減碳措施。例如，眼科則回收患者過小但品質不錯的眼鏡框或配件，修整後免費提供給有需要的人，這不僅減輕患者負擔，也讓資源可以再利用。

數位創新

臺大醫院在數位轉型領域亦有值得關注的成果：

1. **啟用 AI 超級電腦系統 DGX A100**：臺大醫院啟用了新一代 AI 超級電腦系統 DGX A100，深耕智慧醫療。這項技術應用了自然語言處理和電腦視覺等人工智慧技術，應用於生理訊號自動監測、醫療決策輔助和醫療風險預測等方面，取得了卓越的研究成果。

2. **胰臟癌人工智慧 CT 診斷輔助系統**：臺大醫院的胰臟癌多科團隊成功開發了世界首創的「胰臟癌人工智 CT 診斷輔助系統」PANCREASaver。能分析 CT（即電腦斷層掃描）影像中是否有胰臟惡性腫瘤並指出位置，這個系統能夠在只花 1 分鐘的時間內，揪出醫師肉眼看不到的胰臟癌，最小已揪出 1 公分病例。

3. **智慧顯示科技應用**：為了打造無紙化、低碳環保的智慧醫院，臺大醫院導入了業成、綠湖、佳世達、冠捷等企業的智慧顯示科技。這些應用包括門禁系統、床邊照護系統、病房床頭卡、房門卡、會議桌牌、公車站牌和接駁車站牌等，透過多元場域的應用，展現即時資訊、綠能環保和提升醫療照護品質的效益。

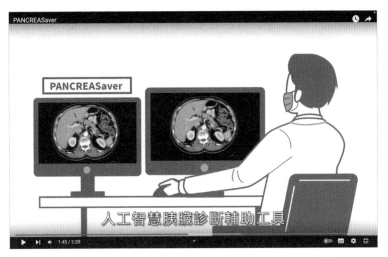

∧ 圖 6.4 台大的胰臟癌人工智慧 CT 診斷輔助系統

圖源：YouTube https://www.youtube.com/watch?v=9XdA-EG1omY

 案例 5：榮民總醫院的雙軸轉型

榮民總醫院體系在醫院管理、照護品質素來卓越，資料豐厚且品質甚佳，對雙軸轉型有著相當好的基礎。智慧醫療及低碳轉型均相當積極，以下是以臺北榮總為例一窺榮總在節能減碳方面所採取的具體措施：

1. **建置建築物能源管理系統**：透過系統化的能源管理，有效監控和控制醫院的能源使用。

2. **設置數位電錶**：使用數位電錶來監測用電量，以便更精確地掌握能源消耗情況。

3. **增設熱泵系統**：熱泵技術是一種高效的能源利用方式，有助於節約能源。

4. **綠化環境節能減碳**：透過植樹和綠美化，改善院區環境，同時達到節能減碳的目的。

5. **採購在地食材**：支持在地農產品，減少運輸所需的能源。

6. **更換節水設備**：使用節水設備，降低用水量。

7. **奈米科技小便斗**：採用節能的奈米科技小便斗，進一步減少用水。

🔍 數位創新

榮民總醫院利用**人工智慧和數據分析**的力量來增強可持續性並改善患者照護品質。以下是特別亮點：

1. **腎病患者即時 AI 風險預測**

    *   臺中榮總（以下簡稱中榮）使用 NVIDIA Jetson 邊緣 AI 平臺在透析過程中分析流數據。該計劃在臺灣有近 85,000 名腎透析患者，旨在即時預測透析過程中的心力衰竭風險。

    *   心血管疾病是透析患者死亡的主要原因。VGH 的 AI 模型 在風險評估中實現了令人印象深刻的 90% 準確率。

    *   人工智慧工具在儀錶板上為臨床醫生顯示關鍵風險因素，檢測透析機數據中的異常模式，並立即提醒醫生和護理人員及時干預。

2. **重症即時照護**

    中榮智慧重症團隊結合醫療和資訊工程，利用人工智慧（AI）技術開發了多個疾病預測模組，以提供更即時且周全的重症病人照護，以下分別說明：

    *   **疾病預測模組**：中榮智慧重症團隊開發了多款預測模組，包括急性呼吸窘迫症候群、急性腎損傷、菌血症、呼吸器脫離和重症病人長期預後等。這些模組的鑑別率達到了 8 到 9 成，有助於醫護快速治療重症患者並提高存活率。

- **建置亞洲第一智慧重症資料庫**：中榮智慧重症系統建立了亞洲第一最大且最完整的重症資料庫。該資料庫收集了 2015～2021 年間曾入住中榮成人加護病房的 33,508 人次的臨床資料，共有 24 類、339 項、約 7,200 萬筆資料。此資料庫預計在 2024 年超越 MIMIC-IV，成為世界最大的重症資料庫。

- **疾病管理儀表板**：中榮開發了重症疾病管理儀表板，內容包括全院重症床位現況、重要設備（如葉克膜、呼吸器等）的使用狀況，以及每位病人不同疾病的預測風險。這些儀表板以視覺化設計，方便醫護掌握病情並給予適當醫療與照護。

另外，中榮還於退輔會所屬各榮總分院共 20 所護理之家建立「附設長照機構管理資訊系統」這個國內第一個 FHIRIOT 雲端平台的「智慧照護物聯網」平台，這個平台為與台灣微軟及奇唯科技合作，導入微軟 Azure IOT 平台，並且符合衛生福利部推動 FHIR 國際標準政策。[1]

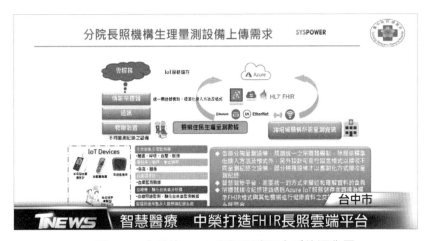

∧ 圖 6.5　中榮的 FHIR 長照雲端平台系統運作圖
圖源：YouTube https://www.youtube.com/watch?v=f2f3_13p6_4

1　資料來源：台灣新生報
https://tw.news.yahoo.com/%E4%B8%AD%E6%A6%AE%E5%BB%BA%E7%AB%8Bfhir-iot%E9%9B%B2%E7%AB%AF%E5%B9%B3%E5%8F%B0-121206899.html?guccounter=1&guce_referrer=aHR0cHM6Ly93d3cueWFob28uY29tLw&guce_referrer_sig=AQAAAA9bLZDsnJsRQDeL-Uscanif5WKEwLcBhnfEDTVQwp3d6E1YU9qOZvLIwaOr-8g0qVCn_u_omva7qc0LYYUjB7RqiPa7TP9cb72-47epbCB5XdEyqEYHTlvfKgm5u2nO7SAntfWx54lAI85HcqUCzqaVXjNulHUzN9lw3ymR_DWm

6.3 結論

全球醫療保健行業是全球第五大二氧化碳排放源，每天亦產生大量醫療廢物。而健康的人們是支撐人類社會有意義及有效運轉的重要基底，所以如何設法讓健康維護及照護品質更好、效率佳又符合低碳的環境必要是挑戰，亦是積極轉型的好時機。在後疫情時代，醫療健康業在 ESG 框架進行自我轉型對應快速的經濟和環境變化。以可持續、環保和具有成本效益的方式提供優質的醫療保健。

為了實現淨零排放，許多醫院開始制定碳管理計劃，並利用政府政策爭取補助。為了減少醫療廢物，醫院應回收和再處理垃圾，同時努力節約用水。電力可以透過安裝在醫院建築上的太陽能電池板產生。醫院可以為患者提供環保素食餐，建造節能綠色建築，並利用新技術抵消碳排放。節能減碳的原則應融入醫院的文化中。

至於數位轉型則是這幾年國內外醫療健康產業必須鍛鍊競爭力之關鍵。進行相關的轉型，下面是一些關鍵考量因素：

1. **技術整合**：結合 AI、物聯網（IoT）、大數據、雲端計算等技術，以實現數據的即時分析和處理。

2. **資料治理**：確保數據的品質和安全性，並建立有效的數據治理機制。

3. **法規遵循**：了解並遵守相關的隱私和數據保護法規，特別是在處理個人健康資訊時。

4. **人才培養**：投資於專業人才的培訓，特別是在軟體開發和數據分析領域。

5. **跨領域合作**：鼓勵不同領域的專家合作，以創新解決方案並推動智慧醫療的發展。

6. **用戶教育**：教育患者和醫療專業人員關於智慧醫療技術的使用和好處。

7. **持續評估**：定期評估技術和流程的效果，並根據反饋進行調整。

這些步驟有助於建立一個靈活且可擴展的智慧醫療系統，能夠應對未來的挑戰和創新。

展望未來，隨著科技進展，醫療健康產業可借力使力、善用日益崛起的醫療科技新創。醫療產業的雙軸轉型將持續受到關注，近年估計在以下永續發展和數位化方面取得更大的成果：

1. **數位化醫療服務**：隨著科技的進步，數位化醫療服務將成為主流。這包括遠距診療、智慧醫療設備、健康 APP 和電子病歷系統等。這將提高醫療效率，改善患者體驗，並降低醫療成本。

2. **人工智慧和大數據應用**：人工智慧和大數據將在醫療健康產業中發揮關鍵作用。它們可以幫助醫生進行診斷、預測疾病風險、個性化治療方案，並改善藥物研發。

3. **基因醫學和精準醫療**：基因醫學將成為個性化醫療的基石。透過基因檢測，醫生可以更好地了解患者的基因組，並根據其特定基因變異制定治療方案。

4. **醫療永續和綠色醫療**：隨著環境議題的日益重要，醫療機構將更加關注綠色醫療。這包括節能減排、資源回收和綠色建築等。

當然，未來醫療健康產業的雙軸轉型將更持續發展，並為人類的健康和福祉帶來更多的創新和改變。

金融業

— 林玲如

7.1 介紹

如前（第四章）所提永續金融之核心精神，在於創造一個更加公平、包容且有彈性的經濟體系，具體所概括為：長期價值創造、綜合風險管理、透明度和責任、促進包容性增長及環境保護。

而就 ESG 對應的聯合國 17 項永續發展目標 SDGs，從其子目標來看，就有 16 項跟金融業有關，說明如下：

- **目標 1 消除貧困**：子目標 1.4 對人們於財務服務（包括普惠金融之微型貸款）都有公平的權利與取得權。

- **目標 2 消除飢餓**：子目標 2.3 實現全球飢餓終結，實現糧食安全，改善營養，促進永續農業。包括讓糧食生產者有安全及公平的財務服務。

- **目標 3 健康與福祉**：子目標 3.8 實現醫療保健涵蓋全球的目標，協助人們取得包括財務風險保護，高品質基本醫療保健服務的管道，以及安全、有效、高品質、負擔得起的基本藥物與疫苗。及子目標 3.c 大幅增加開發中國家之醫療保健籌資與借款。

- **目標 5 性別平權**：子目標 5.a 提供婦女公平的財務服務、與掌控權。

- **目標 7 可負擔的潔淨能源**：子目標 7.a 促進能源基礎建設與乾淨能源科技的投資。

- **目標 8 經濟增長**：子目標 8.3 鼓勵微型與中小企業的正式化與成長，包括取得財務服務的管道。及子目標 8.10 強化金融機構的能力，為所有的人提供更寬廣的銀行、保險與金融服務。

- **目標 9 工業化、創新及基礎建設**：子目標 9.3 提高小規模工商業取得金融服務的管道，包括負擔的起的貸款，並將其併入價值鏈與市場中。

- **目標 10 減少不平等**：子目標 10.5 改善全球金融市場與金融機構的法規與監管，並強化這類法規的實施。

- **目標 12 責任消費及生產**：子目標 12.6 鼓勵企業採取可永續發展的工商作法，尤其是大規模與跨國公司，並將永續性資訊納入他們的報告週期中。及子目標 12.c 依據國情消除市場扭曲，改革鼓勵浪費的無效率石化燃料補助，逐步廢除這些有害的補助，以反映他們對環境的影響。

- **目標 13 氣候行動**：子目標 13.3 在氣候變遷的減險、適應、影響減少與早期預警上，改善教育，提升意識，增進人與機構的能力。及子目標 13.a 讓綠色氣候基金透過資本化而全盤進入運作。

- **目標 14 保育海洋生態**：子目標 14.7 提高海洋資源永續使用對小島嶼發展中國家 SIDS 與最低度開發國家 LDCs 的經濟好處。

- **目標 15 保育陸域生態**：子目標 15.a 動員並大幅增加來自各個地方的財務資源，以保護及永續使用生物多樣性與生態系統。

- **目標 17 多元夥伴關係**：子目標 17.5 為最低度開發國家 LDCs 採用及實施投資促進方案。

關於 SDGs 環境面實踐，如減少溫室氣體排放的措施實施如 SDGs 目標 7 可負擔的潔淨能源，金融業在自身範疇可行的努力，同其他多數產業必須的低碳綠色轉型差異不大。但於價值鏈領域對應範疇三的類別 15，金融機構投融資對象之溫室氣體排放，被要求依投融資佔資本比例納入金融機構之財務排碳責任，對金融業之低碳綠色轉型有明顯挑戰，發揮影響力讓客戶更能雙軸

轉型健康永續，因著風險管理與國內外永續金融規範考量，擴展成為金融機構之積極責任。

所以金融業之 AIoT 數位轉型與 ESG 綠色轉型實際落地時，順守永續金融核心精神與 SDGs 相關目標，主要關注在如何控制風險、積極減碳和數位轉型，並發揮金融責任影響力促使客戶與關係人有效轉型降低風險、透明揭露，整合營運及業務發展規劃，邁向己身及社會之永續發展。

若以最簡化之金融業雙軸轉型，可以新金融 Bank 4.0[1] 概念描述，金融業從傳統金融服務模式（Bank 1.0）演進到現代數位化、全通路服務、生態系互利，再演進到將低碳永續需求融入的過程。讓我們來簡單探討一下一些特點：

1. **重新定義金融服務**：Bank 4.0 強調以客戶為中心，重新思考金融服務背後的第一性原理[2]。這包括價值的安全性、價值的移轉性，以及隨時隨地可使用的信用。Bank 4.0 強調在任何場景下都能提供金融服務，但並不需要在實體金融機構。重新思考金融服務本質（永續金融精神），不再僅僅提供傳統的銀行服務，而是將金融服務嵌入到人們的日常生活中，並掌握風險管理與長期穩健之價值。

2. **科技驅動**：Bank 4.0 倚賴科技，包括人工智慧、大數據、區塊鏈、雲端運算等，來改善使用者體驗並提供更便利的金融服務。

3. **內嵌式金融服務**：Bank 4.0 將金融服務無所不在地嵌入到人們的生活中，例如透過語音助理完成交易，使銀行帳戶從支付工具轉變為預算管理工具。

4. **情感金融服務**：Bank 4.0 強調情感與客戶體驗，例如使用人工智慧來提供更快速、準確的客戶支援，讓客戶感到更貼心的服務。

---

[1] Brett King 所著之書籍，提出 Bank4.0 的新金融概念，Brett King 之前也著作過 Bank 2.0 及 Bank 3.0 兩本書籍，現在看來，這兩本書描述了 Bank 1.0 演進到 Bank 4.0 的中間演化階段。

[2] 哲學與邏輯名詞，是一個最基本的命題或假設，不能被省略或刪除，也不能被違反。第一原理相當於是在數學中的公理。最早由亞里斯多德提出。資料來源：Wikipedia

總之，Bank 4.0 代表了金融業的全面轉型，以更好地滿足現代企業及消費者的需求。

另外，高度監管且依賴數據合資料交換的金融體系，向來積極善用數位來強化風險管理、交易／服務品質及效率、與改善客戶體驗及關係。合規的金融業，非常注意進一步善用科技與數據，例如透過 AI、區塊鏈、自動化等科技，即時偵測、積極防詐、有效防呆、智能自動理賠等等。近年來在國際上逐漸發展出金融科技 FinTech（廣義之金融科技可包括保險科技及金融監理科技）、開放金融等重要數位轉型主流，不僅期待能提升金融服務品質、提高效率並創造更好的客戶體驗。而金融圈提及金融業數位轉型，便直接以廣義之金融科技 FinTech 代表。

7.2 應用案例

雙軸轉型在金融業應用可以相當多元，應用領域如流程管理協助與防呆、詐騙偵測、能源轉型、預測及洞察、個資及資安防護、甚至運用 API、AIoT 或風險指標評估、需求分析、法遵合規管理等相關工具，協助客戶進行健康、資產安全、財務狀態、法遵合規等等風險之評估、目標方案試算與模擬、自動化理財建議、個人化跨機構服務、各項諮詢等等等。

永續及雙軸轉型在國際金融業的應用案例涵蓋了數位化和永續發展的結合，以下是一些常見的應用：

1. **數位化服務與永續發展**：許多金融機構正在推動數位化服務，以提高效率和客戶體驗，同時也將永續發展納入其業務模式中。例如，台灣證券交易所推出了數位永續雙軸轉型策略，旨在提升市場價值和流動性，並透過與國際投資人的直接對話來增進上市公司的曝光。

2. **永續報告與資訊揭露**：金融機開始透過建立永續報告書數位平台和擴充 ESG 資料庫指標，來增進永續資訊的揭露廣度與品質。這有助於投資者更好地評估企業的 ESG 表現。

3. **綠色金融產品**：金融業透過開發綠色金融產品，如綠色債券和綠色基金，來支持環境友好型項目和淨零排放轉型。這些產品為企業提供了實現 ESG 目標的資金支持。

4. **普惠金融與投資者保護**：金融機構正致力於推動普惠金融，降低投資門檻，並透過數位學習和多元媒體傳播來增強投資者保護。這有助於提升市場參與度和投資者對市場的信任。

本節的架構分為雙軸轉型視角，以及金融機構應用案例兩個部分，如圖 7.1。

∧ 圖 7.1　金融業的永續轉型內容

7.2.1　永續轉型視角

站在綠色低碳轉型視角切入，在實際應用策略上，金管會之「金融業減碳目標設定與策略規劃指引」具體可行，參考重點摘錄於下：

1. **降低自身營運碳排放**

   ● 透過評估需求及節能效益，汰換老舊耗能設備。

   ● 運用「使用權（以租代買）」或「產品服務化」（Product as a Service）商業模式、建立產業間資源共享合作模式，或使用在地低碳供應鏈和服務網路等，導入循環採購做法，提高設備使用效率。

   ● 優先採購環保節能或列入循環採購指南之產品，包含但不限於具有環保標章、節能標章等商品。

   ● 導入綠建築、低碳建築、智慧建築標章與綠建材認證。

- 建置充電樁、使用電動公務車及鼓勵運用大眾運輸系統。

2. **擴大使用再生能源**
   - 建置再生能源發電設備。
   - 購買再生能源。
   - 設定再生能源使用目標。

3. **落實環境管理及擴大影響力**
   - 導入各項環境相關認證。
   - 強化管理環境數據並導入數位化能源管理系統。
   - 宣導環保節能措施並以行動落實。
   - 舉辦節能減碳或生態保育等環保相關活動。
   - 發展內部碳定價機制。

4. **管理「財務碳排放」（即範疇三 15）風險和機會**
   - 辨識高碳排資產（如煤炭相關及非傳統石化產業等）及建立去煤（Phase Out）機制：
   - 不承作新建之燃煤電廠、煤炭相關基礎設施、採礦企業等之融資、承銷、投資業務。
   - 訂定去煤政策，適用於金融及諮詢服務（含被動投資）。
   - 承諾對涉及非傳統油氣營業活動如油砂、頁岩油氣、北極油氣、深海油氣等之開採、生產製程之企業撤資。

5. **訂定淨零轉型的投融資計畫，如：**
   - 協助微型／中小企業淨零轉型、擴大再生能源投資、支持與我國淨零十二項關鍵戰略或永續經濟活動認定參考指引相關之創新技術及產業。
   - 對投融資對象之減碳目標進行管理，設定減碳目標或完成 SBT 設定之部位餘額，占整體投融資部位之比例成長目標。

- 訂定綠色投融資部位（綠色授信、綠色債券、ESG 股／債權投資或 ESG 基金等）成長目標。

6. 訂定議合政策及議合目標。

7. 鼓勵及遊說同業公會之策略與氣候行動、淨零轉型一致。

8. 發展內部碳定價機制，如：考量未來碳價、碳稅、轉型計畫等因素訂出內部碳價，用以分析投融資組合碳成本產生的財務衝擊，進而調整風險評估，引導投融資部位低碳轉型。

上述政府之指引是很好的方向，能協助金融業掌握綠色低碳轉型之關鍵考量。此外，可藉由智慧化與數位化，利用數位技術轉型來提升效率，減少資源浪費，如使用智慧化能源管理系統，以數位達到淨零減碳的目標。

另外，若以數位轉型視角，常見的金融科技（FinTech）應用領域案例：

1. **支付**：支付科技涵蓋了各種支付方式和平台，包括信用卡、行動支付、數字錢包、虛擬貨幣等。它旨在改善支付效率、安全性和便利性。儘管全球金融科技投資有所下降，支付仍然是吸引最多資金的領域。支付公司不斷整合、併購，並專注於提供核心支付平台和相關服務。

2. **保險科技**：保險科技（InsurTech）是指利用科技來改進保險業務流程、增加客戶參與度以及提高保險產品的創新性。這包括數位保單、智能索賠處理、保險比價網站等。保險科技投資在 2023 年呈現年增長，並出現許多穩健交易。這包括美國的 Cetera 以 12 億美元收購 Avantax，以及 5.7 億美元收購 Voya Financial 的 Benefitfocus。

3. **監理科技**：監理科技（RegTech）是指利用科技來幫助金融機構遵守監管要求，包括 KYC（Know Your Customer，了解您的客戶）、AML（Anti-Money Laundering，反洗錢）等。它可以提高合規效率並減少風險。監理科技投資在 2023 年暴跌至六年低點，但仍有一些創投領域的活動。例如，阿拉伯聯合大公國的 Haqqex 籌集了 4 億美元，美國的 Vestwell 籌集了 1.25 億美元。

4. **財富管理科技**：財富管理科技（WealthTech）是指利用科技來改進投資組合管理、財務規劃和資產配置。它可以幫助投資者更好地管理財富。財富科技投資在 2023 年大幅下降，但仍保持接近 2020 年水準。美國投資公司 Edward Jones 在 2023 下半年募資了 7,300 萬美元。

5. **區塊鏈／加密貨幣**：區塊鏈是一種分散式資料庫技術，用於記錄交易和數據。加密貨幣是基於區塊鏈的虛擬貨幣，如比特幣、以太坊等。加密貨幣和區塊鏈領域的總投資從 2022 年的超過 240 億美元降至 2023 年的不到 80 億美元。這一領域雖面臨挑戰，但仍有潛力。

6. **ESG／綠色科技**：ESG（環境、社會和公司治理）科技關注可持續性和社會責任。它涵蓋了綠色能源、環保科技和社會影響投資等。以 ESG 為中心的金融科技投資在 2023 年達到 23 億美元，為繼 2021 年後的第二高年度投資總額。這一領域吸引了許多大型交易。

下面則是 FinTech 一些實際案例：

1. **支付**

   - **Stripe**：Stripe 是一家全球性的支付處理平台，為企業和開發者提供了簡單、安全的支付解決方案。它支持信用卡、Apple Pay、Google Pay 等支付方式。

   - **PayPal**：PayPal 是一個知名的線上支付平台，用戶可以透過其帳戶連接銀行帳戶或信用卡，進行網上購物、轉帳和支付。

   - **行動支付**：蘋果支付、Google Pay 和 Samsung Pay 等行動支付應用程式允許用戶使用智能手機或其他移動設備進行支付。這些應用程式使用近場通信（NFC）技術，使用戶可以在支持的商店、餐廳和其他地方進行無接觸支付。

   - **電支跨機構共用平臺**：「購物」功能和 TWQR 讓消費者只要靠一款電支 App，就能在其他電支業者的特約商店消費付款。

2. 保險科技

- **Lemonade**：Lemonade 是一家數位保險公司，專注於租房和住宅保險。他們使用人工智能和自動化流程來簡化索賠處理，提高客戶體驗。

- **Hippo**：Hippo 是一家提供房屋保險的科技公司，他們利用數據分析和智能技術來評估風險，並為客戶提供定制的保險方案。

- **智能理賠處理**：保險科技公司開發了使用人工智能和機器學習的系統，可以自動處理理賠。這有助於提高索賠處理的效率並減少人為錯誤。甚至有保險公司結合區塊鏈技術打造旅遊不便險智能合約，讓航班誤點或其他理賠條件符合時，無須申請自動給付理賠金。

- **電子保單**：一些保險公司開始提供數字化保單，讓客戶可以透過手機 APP 或線上平台上查詢和管理保單。這提高了客戶的便利性和可及性。

3. 監理科技

- **ComplyAdvantage**：是一家監理科技公司，使用人工智能和機器學習來幫助金融機構檢測洗錢、詐騙和其他違規行為。

- **Chainalysis**：是一家區塊鏈分析公司，他們協助執法機構追蹤和調查加密貨幣的非法用途。

- **AML/CTF 反洗錢風險平台**：AI 技術改善反洗錢和瞭解客戶的流程，進而預防詐騙。例 PATRIOT OFFICER®是一套反洗錢以及反恐佈資助之智慧型系統，使用智慧型模糊比對進行名單掃描並示警（名單過濾）。將風險基礎方法套用在防制洗錢之客戶盡職審查（CDD；Customer Due Diligence），提供多種風險情境來協助金融機構進行客戶風險分析，區分洗錢風險上的等級。針對高風險客戶可以進行強化客戶審查（EDD；Enhanced Due Diligence）。多維度風險權重偵測技術（Multi-Dimensional Risk Weighted）。系統並整合相關客戶、帳戶、交易等資料提供給調查人員來進行案件調查及管理。

- **金融 FIDO**：KYC（了解您的客戶）確保客戶身分的合法性第一關就是身分識別，使用數位身分證明就免了繁複文件，近年國際間常用 FIDO（Fast Identity Online）機制，結合公開金鑰及生物辨識等技術，使民眾無須輸入帳號密碼，改以生物特徵綁定行動裝置，即可進行身分識別。

- **多因素身分驗證（MFA）**：結合多個驗證因素的方法，以增加安全性。例如，您在登入銀行帳戶時，可能需要輸入密碼、接收簡訊驗證碼，以及使用指紋或臉部辨識。

4. **財富管理科技**

- **Betterment**：是一家自動化投資平台，幫助用戶根據其目標和風險承受能力進行投資組合配置。

- **Wealthfront**：Wealthfront 是一家提供智能投資組合管理的公司，他們使用演算法和人工智慧來優化投資策略。

- **「先買後付」（BNPL）服務**：AI 即時評估客戶的信用風險和負擔能力，Temenos 甚至在其 BNPL 服務中嵌入了可解釋人工智慧。（Explainable AI）使更安心透明，讓客戶理解特定的推薦，並有利理性負責的借貸。

- **個人化推薦系統**：為客戶或企業客戶建立個人化數位體驗。透過分析客戶的行為和偏好，AI 提供個性化的金融產品和服務建議。

5. **區塊鏈/加密貨幣**

- **Ethereum（以太坊）**：以太坊是一個開源的區塊鏈平台，支持智能合約和分散式應用（DApps）的開發。

- **比特幣（Bitcoin）**：Bitcoin 是一種加密貨幣，它不受中央銀行或政府控制。用戶可以使用比特幣進行交易，而不需要傳統銀行或金融機構的參與。

- **Binance Coin（幣安幣）**：Binance Coin 是由加密交易所 Binance 發行的加密貨幣，用戶可以在該平台上支付交易費用。

- **去中心化金融（DeFi）平台**：區塊鏈技術是 DeFi 的核心，以分散式的帳本和系統實現了去中心化。讓人們藉區塊鏈帳本並參與記帳。此發展促進了如借貸、抵押、保險和眾籌等金融產品的創新。

6. **ESG／綠色科技**

- **無紙化的電子發票導入解決方案**：精誠集團子公司嘉利科技建置信用卡非現金支付環境，提供無紙化的電子發票導入解決方案，讓企業客戶得以降低實體紙鈔接觸，並節能減碳。

- **企業簽單 E 化**：台灣大車隊聯手台北富邦金控升級企業簽單，E 化功能串接富邦錢包，企業員工透過特許區塊鏈結構，相關手機 APP 叫計程車，搭免掏感應不僅現場免現金或刷卡墊付車資，只要按下確認鍵就可下車，事後無須回公司報帳核銷，且公司結帳款項可自動匯入車隊司機帳戶，讓多方流程簡化並加速之餘，直接無紙化能減碳。

- **雙重認證（OTP）的反詐騙**：政府和企業將雙重認證視為數位發展的關鍵基礎設施。動態產生的一次性密碼（OTP）不斷更新，有效地解決了帳戶密碼被盜用的風險。

從永續金融投資視角，為氣候解決方案提供資金和資源。藉由投資於可持續技術和創新，不僅可以對抗氣候變化，還可以創造經濟價值：

1. **永續金融行動**：台灣金融業推動永續金融發展，例如玉山、中信、元大金控等都宣示 2050 年達成淨零排放目標，並透過永續金融先行者聯盟引導資本市場投資永續企業與活動。

2. **亞洲的綠色投資合作夥伴關係**：氣候聯盟、國際金融公司、新加坡金融管理局和淡馬錫合作，旨在解決氣候融資缺口並提高在亞洲進行綠色與永續項目的融資能力。這包括再生能源和儲能開發、電動汽車基礎設施、永續交通、水和廢棄物管理等領域的投資。

3. **Kleiner Perkins 的投資**：風險投資公司 Kleiner Perkins 自 2006 年以來，投資了多個「清潔」技術創業公司，包括太陽能板和電動車電池。這些投資最終導致了像 Proterra、Nest、ChargePoint 和 Beyond Meat 等公司的成功。這些公司現在的價值超過 30 億美元。

而金融機構經常透過創新和策略來推動永續發展。以下是一些突出的例子：

1. **綠色債券與永續發展債券**：許多金融機構積極參與綠色債券市場，這些債券專門用於資助環境友好型項目。例如，台灣證券交易所整合了綠色債券、永續發展債券、社會責任債券成為「永續發展債券專板」，截至 2023 年底，累積永續發展債券發行總量達新台幣 5,319.46 億元。

2. **永續連結貸款**：這種貸款鼓勵企業達成永續目標，如減少碳排放。達成目標的企業可以享受更優惠的貸款利率。例如，玉山銀行與裕隆汽車共同簽訂了「氣候暨生物多樣性永續連結貸款」，將台灣原生樹種的復育成效作為生物多樣性指標。

3. **再生能源專案融資**：金融業投入太陽光電、離岸風電等新能源減碳商機，並宣告不再提供燃煤電廠專案融資，朝向脫碳、撤煤的趨勢。

4. **數位化與科技整合**：金融業透過數位轉型提高效率和客戶體驗。例如，摩根大通、加拿大皇家銀行、星展銀行、中國招商銀行等都在數位轉型方面取得了顯著成效，這也反映在市場評價和本益比上。

5. **分群精準服務定位**：

   - **台新銀行的 Richart**：台新銀行推出了名為 Richart 的數位服務，專注於年輕客群。他們整合了行動銀行 App、Wallet、e 指系列等產品，讓客戶可以輕鬆管理各項金融帳戶。

   - **遠東商銀的 Bankee**：遠東商銀推出了 Bankee，專注於新世代族群。這個數位服務也有類似的整合策略，以提供客戶更便利的金融服務。

   - **玉山銀行的 eFingo**：玉山銀行的 eFingo 則鎖定中高齡客群。他們聚焦特定客群，以更精準地提供符合需求的產品和服務，並提升客戶黏著度。

   - **國泰金控「CaaS 生態圈服務平台」**：對合作單位提供國泰集團一站式體驗和整合性數位金融服務與資源，範疇包含壽險、銀行、產險等。作為未來異業合作和商業洽談的主要入口，解決過往商談過程的零散和複雜問題，並以數位化形式應對疫情帶來的改變。

這些金融業透過指引式規範、敏捷 FinTech、創新的金融產品和服務，以及數位化的策略等，有效地推動了永續發展。這不僅提升了金融機構的競爭力，也對環境保護和社會責任產生了積極的影響。隨著全球對永續發展的關注日益增加，我們可以預見金融業在永續轉型方面將繼續發揮重要作用。

7.2.2　金融機構應用案例

接下來，以不同金融機構之轉型策略為例，探討其實現永續轉型之計畫或作為：

 案例 1：台灣證券交易所定規則發揮影響力

台灣證券交易所在 2023 年取得了令人矚目的成就，並計畫在 2024 年推動數位和永續的雙軸轉型，以增強台灣資本市場的國際競爭力。以下是證交所在雙軸轉型方面的五大策略：

1. **壯大資本市場，提升市場價值**

   - 證交所將與國際投資人直接對話，提升已上市公司的市值，增加投資人關係（IR）的強化，並邀請專家分析產業鏈垂直整合資訊，以凸顯中小型企業的價值。

   - 同時，證交所將增加與國際券商、保管銀行的合作，提升台灣資本市場及上市公司的國際能見度。

2. **鏈結利害關係人，落實永續再造**

   - 證交所將結合子公司碳交所、指數公司，發揮集團綜效，為台灣資本市場再造永續，深化與各利害關係人之鏈結。

   - 在引導企業落實減碳和增進永續揭露方面，證交所將舉辦培訓課程，協助培育永續人才。

3. **落實普惠金融，增強投資人保護**

   - 證交所將推動多元化商品，降低投資人門檻，並鼓勵證券商提供金融創新服務，以擴大市場參與。

- 同時,證交所將增強監理效能,提高投資人對市場的信任。

4. **強化維運韌性,降低市場風險**

- 證交所將提升機房防護,確保營運持續,並更新交易系統撮合主機及網路交換器設備,以提高系統穩定性。

- 同時,證交所將運用新興科技,如大數據分析和視覺化儀表板,強化監理效能,降低市場風險。

5. **推動數位化和永續發展**

- 證交所將建置永續報告書數位平台,協助中小型上市公司產製永續報告書。

- 同時,證交所將與台灣指數公司合作,發展 ESG 評鑑,提供更多層面的服務功能。

 案例 2:國泰金控的雙軸轉型

國泰金控是台灣最早接軌國際面向氣候變遷挑戰,積極推動零碳轉型及永續金融之金融業。以下是他們在雙軸轉型的一些行動:

1. **TCFD(氣候相關財務揭露建議)支持**

- 國泰金控已連續十二年獲得 The Asset ESG Corporate Awards,並承諾至 2040 年海內外全營運據點百分之百使用綠電。

- 他們與名單中的台灣企業議合,其中一家已承諾 2050 年價值鏈淨零碳排。

- 國泰金控也參與由 AIGCC 發起的「亞洲電廠議合倡議」,督促五家國際大型燃煤發電公司低碳轉型。

- 國泰人壽是台灣首家承諾「2030 RE100、2050 淨零碳排」的壽險公司,致力於減少碳排放。

2. **零碳營運轉型計畫**

- 國泰金控積極進行「零碳營運轉型」，承諾提高再生能源使用比率。

- 國泰人壽展開「零碳營運轉型計畫」，承諾於 2050 年達成金融資產淨零碳。

- 國泰金控與售電業者合作，預計在 2025 年之前達成百分之百使用綠電，而國內所有營業據點則於 2030 年達到 100％使用再生能源。

- 國泰金控與國內再生能源業者合作，擴大設立低碳投資目標，並逐步撤煤計畫。

- 國泰人壽是台灣第一家以氣候為主軸與被投資公司進行深入對話的機構投資人，協助企業朝向綠色經濟時代邁進。

3. **綠色職場和綠色能源**

- 金控內部推動綠色職場，並提高再生能源使用比率。

- 是台灣首家金融業成為 RE100 會員亞洲第六家通過科學減碳目標（SBT）審核金融業者。

4. **氣候教育訓練**

- 每年透過內部教育訓練、專題分享和外部機構的交流，培養公司員工的氣候意識，強化氣候風險管理。

5. **氣候指標與目標**

- 國泰人壽將營運碳排減量率及綠電使用比例目標納入總經理及相關部門高管之年度 KPI，以強化管理力道。

- 每年視內外部趨勢、政策發展，滾動式調整績效指標與目標。

6. **能源管理系統**

- 國泰世華銀行透過自動化審核和無紙化的撥貸作業，成為台灣金融業首家取得「碳足跡標籤」和「碳足跡減量標籤」雙重肯定的銀行。

- 國泰世華銀行建立了專屬的「能源管理系統」，透過智慧電表和科學化數據分析，監控分行用電情況，並促進用電效能最佳化。

- 這項系統幫助分行實現節能減碳，每年可節約逾千萬的電費，並將部分節約的電費捐出，支持社會友善循環。

7. **綠色金融和再生能源融資**

- 國泰世華銀行是台灣最大的太陽能電站融資銀行之一，已核貸超過2500座太陽能發電站，總裝置容量達 758MW。
- 國泰世華銀行也參與眾多離岸風電融資，並在 2025 年將再生能源融資占發電業授信比重成長至 85%。
- 國泰世華銀行的綠色金融實踐有助於加速低碳轉型，並支持淨零永續。

8. **數位金融**

- 國泰金控透過數位、數據、技術推動集團轉型，打造數據驅動文化，重塑數位開發流程。
- 以「Cathay as a Service（CaaS）國泰即服務」概念為核心，提供企業及客戶一站式的數位服務與體驗。

9. **跨界融合力**

- 國泰金控聚焦雲端與生態圈，以跨界融合力創造卓越數位體驗。
- 他們快速回應疫情衝擊，提供更便捷、好用且聰明的零接觸服務體驗，例如透過網銀 APP 視訊客服提供業務諮詢服務、省去親臨櫃台的時間。

這些行動展示了國泰金控在雙軸轉型方面的持續努力和承諾。

 圖 7.2 國泰金控金融創新實驗室利用國泰創新日大會展現數位金融創新
圖源：YouTube https://www.youtube.com/watch?v=_HUV6jTHXio

 ## 案例 3：荷蘭銀行集團 ING 的敏捷轉型

荷蘭銀行集團（以下簡稱 ING）的轉型是一個鼓舞人心的例子，展示了成熟的大企業用心適應不斷變化的環境贏得韌性。ING 於 2015 年開始了轉型之旅，將其傳統組織模式轉變為受 Google、Netflix 和 Spotify 等公司啟發的「敏捷」思維及方法，重新思考金融服務本質及客戶的需求。 以下是他們成功轉型的一些關鍵：

1. **敏捷模型**

   • ING 引入了敏捷的工作方式，由大約 350 個 9 人「小隊」組成，分為 13 個部落。這些團隊是多學科團隊，包括行銷專家、產品和商業專家、使用者體驗設計師、資料分析師和 IT 工程師。

   • 重點在於解決客戶需求並實現成功的共同定義。

   • E-E 端到端原則確保跨職能的無縫協作。

2. **為什麼改變？**

   • ING 認識到，由於數位分銷管道，客戶行為正在迅速變化。

   • 客戶期望是由各行業的數位領導者決定的，而不僅僅是銀行業。

- 銀行需要跨通路提供無縫且一致的高品質服務。
- 敏捷的工作方式成為實現這項策略的手段。

3. **定義敏捷性**

- 敏捷性涉及靈活性、快速適應和盡量減少官僚主義。
- ING 賦予員工權力，最大限度地減少交接，並專注於培養全面發展的專業人士。
- 組織從傳統的職能層級結構轉變為沒有傳統經理人的自我管理團隊。

4. **成果**

- 轉型縮短了上市時間，提高了員工敬業度並提高了生產力。
- 技術和創新在實現這些目標中發揮了至關重要的作用。

ING 的敏捷轉型展示了一家大型金融機構如何透過擁抱敏捷性、為團隊賦能並專注於客戶需求來成功適應數位時代。他們的旅程對於其他尋求類似轉型的組織來說是一個有價值的參考。尤其金融科技（Fintech）的成功變革，取得了顯著的成就。例如，該銀行的稅後盈餘平均年成長率達 27%，並增加了大量新顧客。

該銀行現在以更敏捷和靈活的方式開展工作，將 IT、營運和業務更加緊密地結合在一起，以創造差異化的客戶體驗。下面為其接軌客戶體驗之轉型作法。

1. **數位化藍圖**：ING 制定了清晰的數位化藍圖，從概念到具體實施，推動創新並提供更便利的服務給客戶。

2. **綠色金融**：ING 也將綠色金融視為重要的發展方向，發展許多投融資商品協助企業客戶邁向淨零轉型。

3. **以設計思考加持的一頁策略願景藍圖**：ING 在數位轉型方面取得了成功，並且其策略計劃成為了一個代表作。 他們運用設計思考，將一份長達 250 頁的策略報告簡約成了一張 A4 紙的內容。 這一頁的策略和願景基於四大支柱：透明簡單的銀行業務、隨時隨地的服務、賦予客戶財務決策權以及精益求精。

4. **跨管道即時提供個人化產品**：幾年前，ING 的行銷活動曾一度陷入困境，無法打動客戶。其組織架構、流程、應用程式以及對直效郵件的依賴無法滿足這家以網路為重、多管道銀行的需求。然而，ING 進行了敏捷行動，並成功實現了跨管道即時提供個人化產品。

5. **行動銀行的成功**：ING 的前執行長雷夫·哈默斯（Ralph Hamers）提出了「行動銀行」的概念，即讓客戶隨時隨地進行銀行業務。隨著網路和行動技術的發展，消費者對於自己能做什麼有了更高的意識，ING 成功地實現了這一理念。

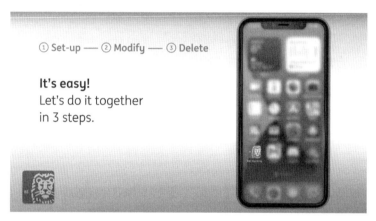

∧ **圖 7.3** ING 行動銀行展現「如何使用 ING 銀行應用程式管理您的計劃付款」
圖源：YouTube https://www.youtube.com/watch?v=Kx1QUJprfYY

7.3 結論

金融機構的雙軸轉型之路。應強化持續創新與合作，擁抱數位和永續發展，進而開啟金融新篇章。進行相關的轉型，下面是一些關鍵考量因素：

1. **思維上的轉型**：員工賦能將是邁向永續的第一步，因為員工的思維效能就是金融機構的競爭力邊界，核心轉型願景及架構，需要組織內領導人、業務精英和資訊精英參與，從業務特性、市場定位、商業模型、價值鏈生態系等等規劃轉型的策略到技術架構。如何這對現有團隊的思維觀念和工作模式造成巨大的衝擊，必須經歷一段轉變過程。

2. **領導者的支持**：領導者需要定義推動核心轉型所需的領導策略，並組建強而有力的領導小組來指揮和推動專案計畫。傳達明確的轉型願景，將轉型視為整個組織的任務，使其與公司整體策略保持一致。

3. **文化和組織變革**：數位轉型需要改變組織的文化和運作方式，採納更敏捷的組織文化。金融機構需要培養永續和數位思維，培養專業的 ESG 人才，並建立數位技能人才庫。並在組織內部建立永續發展的文化，這有助於提升員工對 ESG 重要性的認識，並推動永續策略的實施。並鼓勵員工接受新思維、新技術（含方法）和流程。

4. **專案團隊的職責定位**：專案團隊需要包括業務和資訊單位的參與，從商業定位、業務流程梳理到資訊價值有效運用等等，有架構的定義轉型專案執行方式。

5. **策略規劃與目標設定**：根據組織特性、業務模型和目標市場，明確訂定出要採用哪些方法、階段和驅動要素。金融機構需要制定清晰的 ESG 策略，並設定可量化的永續發展目標。這可能包括減少碳足跡、提高資源效率、以及投資於綠色和社會責任項目。

6. **風險管理**：金融業者必須評估和管理與 ESG 相關的風險，這包括對投融資對象的 ESG 表現進行監控，並將 ESG 因素納入信貸評估和投資決策過程中。

7. **產品創新**：開發和推廣 ESG 相關的金融產品，如綠色債券、永續連結貸款等，這些產品能夠為永續項目提供資金，並鼓勵企業實現永續目標。

8. **政策遵循與合作**：遵守相關的 ESG 法規和標準，如 IFRS 永續揭露準則等，並與政府、監管機構和其他金融機構合作，共同推動永續金融的發展。需要遵守監管機構的要求，例如在關鍵業務轉型之不同階段的作業程序中，制定明確的團隊成員角色、權責及產出，並定期向董事會回報執行狀況。

9. **強化投資者信心**：主動進行永續議題利害關係人溝通尤其是投資者，投資者對金融機構的轉型若未認同或缺乏信心，可能影響金融機構獲得足夠的資源。相較於新創公司和 FinTech 公司，已成熟的既有金融機構的

投資者容易期待金融業能產生穩定的報酬率而忽略不轉型之淘汰生存風險，需要規劃有效之轉型計畫與溝通策略，讓投資者認同與建立信心。

10. **主動永續議合**：主動溝通重要企業客戶的永續策略與 ESG 評比，引導或影響訂定有意義之雙軸轉型及提供對應之品或服務方案支持。

11. **數據和報告**：建立有效的數據收集和報告系統，以確保 ESG 資訊的透明度和可靠性。這包括對外公開 ESG 績效報告，並進行第三方審核以增加信任度。

12. **資料管理和隱私保護**：數位轉型需要大量的數據，但金融機構必須確保數據的安全性和隱私保護。了解並遵守相關的隱私和數據保護法規，特別是在處理個人資訊時。這包括遵守 GDPR 等法規，資料治理確保數據的品質和安全性，並建立有效的數據管理機制。

13. **升級技術基礎建設**：

- 組織需要深入分析不同核心業務及系統之技術架構的差異，基於當前的基礎設施、市場動態、客戶需求和組織能力等一系列關鍵決策點來做出明智的決策。

- 技術整合：結合 AI、物聯網（IoT）、大數據、雲端計算等技術，以實現數據的即時分析和處理。建設基礎的推動技術，以現代化的基礎架構開始數位轉型旅程。

- 需要升級和改善現有的科技基礎設施及實施方法，以支持雙軸尤其數位轉型。這可能涉及到流程與系統整合、資料治理與資料庫更新、安全性增強等方面的工作。

- AI 治理框架：建立可信的 AI 治理框架是重要的。藉由有效整合 AI 技術，提升競爭力並創造更大的商業價值。

14. **客戶體驗的改進**：將思維方式從以產品為中心轉為以客戶為中心，提高客戶體驗。金融機構需要投入資源來改進互動之機制如客戶服務、網站、應用程式等方面，以人為本滿足客戶的期望。並將數位技術擴展到整個價值鏈，重新檢視前中後台的數位化需求。

15. **持續評估**：定期評估技術和流程的效果，並根據反饋進行調整。

這些轉型準備不僅有助於金融業應對永續發展的挑戰，也能夠為金融機構帶來新的商業機會和競爭優勢。

金融機構轉型雖已跑在多數產業之前，然而其轉型之路，不僅在自身升級，也透過收集與評估客戶永續作為延伸之資料和數據、於對準風險管控及永續發展時，掌握更多影響力，能驅動企業客戶及合作機構面對數位與永續雙軸轉型採取行動。可以融合金融體系風險管理及治理之優勢、串聯國內外結盟力量，以整體資本市場之全局觀，善用審核角色與資本的影響力，承擔更多引導價值鏈裡關係人轉型之責任，進而回饋到風險機會共存的永續金融正向循環，成就長期更健全之金融永續韌性能耐與競爭力。

工業

— 裴有恆

8.1 介紹

AIoT 數位轉型與 ESG 綠色轉型是工業上很重要的課題，其中數位轉型應用被稱為「智慧工業」，而智慧工業在各區域作法有歐盟的「工業 4.0」，美國的「工業網際網路」，中國的「中國製造」，以及日本的「工業價值鏈」，後來推展到「社會 5.0」。

智慧工業現在備受重視的原因，除了技術進步引導工業升級外，由人工作業員人為疏失導致的損失，一直是老闆心中的痛，加上少子化缺工的趨勢，以及資深員工老年化退休無人替代，於是加速引進工業機器人及升級工廠設備是必要之舉。台灣也因此在 2015 年 9 月提出「生產力 4.0」計畫，之後 2016年政黨輪替，民進黨政府上台在 2017 年 7 月提出「智慧機械」為新的智慧工業執行計劃。但只要智慧化，就可以提高效率，降低成本，特別是節能減碳。之前作者請教過新漢智能股份有限公司的副總經理，他告知光是將系統所有機器聯網，就可以找出耗能問題所在，還沒有用 AI 做最佳化就可以節省能源達 15%。

而就 ESG 對應的聯合國的 17 個永續發展目標（SDGs）也有多個對應到工業，以下提出與工業相關的永續發展目標並說明之：

- **目標 7 可負擔的清潔能源**：工廠使用綠能，就可以減碳。
- **目標 9 工業化、創新及基礎設施**：利用創新及基礎設施，達成最佳工業化效率。
- **目標 11 永續城鄉**：工業是城市發展的重要動力，因此，推動工業發展的同時，也要兼顧城市的永續性。
- **目標 12 負責任的消費及生產**：工業產品生產之後，還得考慮到回收，以及對環境的影響。
- **目標 13 氣候行動**：工業產品與服務在生命週期所排出的溫室氣體，影響了氣候。所以需考慮到如何在此週期中減少排放溫室氣體。
- **目標 17 多元夥伴關係**：跟供應鏈與客戶合作，促進永續發展。

8.2 應用案例

對應 8.1 節提到的永續 6 大目標，我們可以從工廠本身的節能、汙染防治與供應鏈的管理，加上在產品上結合循環經濟，以及儲能與綠能來思考，各節規劃如圖 8.1：

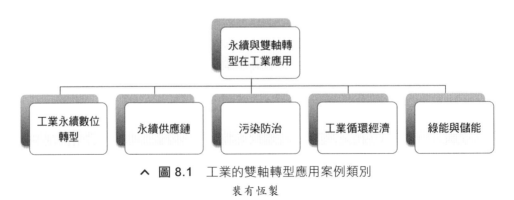

∧ **圖 8.1** 工業的雙軸轉型應用案例類別
裴有恆製

8.2.1　工業永續數位轉型

在工廠裡需要的感測數據種類有動作方位感測、影像感測和環境偵測三種：動作方位感測指的是智慧機器本身的動作與方位透過感測器得到的數值，光學影像感測指的是透過光學影像辨識，環境監控透過感測器監控溫度、濕度、水質、水的酸鹼度⋯⋯等等環境的即時資料。透過電腦視覺，可以辨識物品，辨識後有多種應用，移動、導引、挑出不良品⋯⋯等等，還可以針對工安[1] 問題來做預防處理及即時警示。有了這些數據，以人工智慧分析，形成機器學習模型，可以做到良率的提高與能源使用的最佳化。工業 4.0 的做法強調智動化系統，其實就是透過虛擬與實物整合的網宇實體系統（Cyber Physical System，簡稱 CPS），而虛擬系統包含虛擬設計、虛擬製造和虛擬量測系統。

這樣的系統結合人工智慧，就變成了數位孿生，讓虛擬與現實對應。而數位孿生透過人工智慧與感測器，在虛擬世界中反應真實世界的狀況與問題，而跟現實系統的對應也仰賴將物理世界中的感測器們傳輸數據做到分析。這樣會節省下可觀的時間與金錢成本。而在製造方面就可以結合虛擬製造和虛擬量測系統的做法來達成。

預測性維護可以說是數位孿生的一種應用，對工廠而言，如果賴以生產的設備無預警的故障，將會造成停機，原來計畫的生產將被延宕，而原來生產到一半的物件可能因此而丟棄；如果是在礦場等危險區域使用的機器，停機甚至會造成員工傷亡的慘劇。如果透過生產大數據可以從中找出機器狀態及運作模型，提早保養或安排備用設備取代，其實能減少很多的損失。不只製造業，所有有生產力的設備都有此需求。

而數位孿生推到極致，可達高度自動化以滿足大量客製化的需求，透過人工智慧主導生產流程，達成智慧化全自動的生產，是智慧工業的最高目標，也因為其達成了高效率，減少了很多電能和資源浪費。

---

[1]　為工業安全的簡稱，又名產業安全、職業安全，內容研究和關注職業崗位上的安全問題。資料來源：Wikipedia

還有對生產出的產品碳足跡的思考，也是其中的重點。在 2023 年的西班牙巴塞隆納舉辦的全球移動通信大會，小米宣布其與一家外部碳數據分析和認證組織合作，對小米 13 Pro 進行了碳足跡分析，以評估智能手機產品碳足跡的流程和方法模型。得出結果小米 13 Pro 的碳足跡為 62.8 公斤 CO_2e[2]。

以上提到的各種做法，就是利用 AIoT 達成綠色數位轉型，接下來以新漢智能、慧穩科技、谷林運算、華夏玻璃，以及西門子為例說明。

 ## 案例 1：新漢智能系統股份有限公司的雙軸轉型

新漢智能系統股份有限公司（簡稱新漢智能）是新漢集團於 2014 年創立之子公司，致力於提供工業物聯網解決方案。新漢智能的工業物聯網解決方案就包含把工廠內設備聯網後，了解其耗電狀況，再加以行動，這樣就可以達成 15% 的節能。後來更結合了數據分析，找出可節能環節，據訪談新漢智能高階主管得知此解決方案可達成共 20% 的節能。

2023 年 8 月新漢智能跟資誠組成策略聯盟，新漢智能的「綠色智造」[3]整合資誠的碳足跡追溯軟體，將企業主對產品製造流程與碳排足跡所產生的各階段之混合型資料匯總於新漢智能之雲端平台「數據中台」，並開發出產品生產追溯系統與碳足跡追溯系統，並經由 ESG 顧問公司確信，取得組織碳盤查與產品碳足跡雙認證。另透過即時性碳排熱點分析及減碳目標設定，提升企業產品銷售的競爭力[4]。另外還提供 NexData 的資料追溯服務，而 NexDATA 可提供地端型或混合雲二種型態之數據中台服務、符合雲原生之 PaaS 架構，而 NexDATA 還利用生成式 AI 引擎強化其功能。

---

[2]　資料來源：威傳媒 https://www.winnews.com.tw/120527/

[3]　新漢智能的智慧製造結合 AI 及 ESG 的新作法

[4]　資料來源：新漢智能提供。

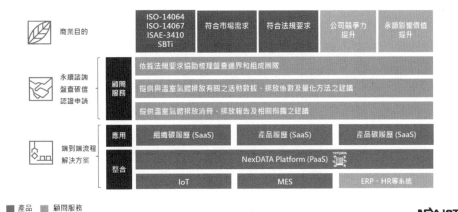

∧ **圖 8.2** 新漢智能與資誠合作的綠色智造的服務方案

圖源：新漢智能提供

新漢智能訪談影片可在 YouTube「數智創新力」頻道找到。

案例 2：慧穩科技的視覺辨識技術做節能減碳及維護工安

慧穩科技成立於 2016 年，其深耕於視覺影像之應用，以採用深度學習為 AI 技術核心。它為客戶提供客製化的視覺影像應用方案，業務包含 AI 視覺影像辨識軟體開發、產線自動化軟硬體整合、設備監控軟體客製化，以及人臉辨識應用。

慧穩科技服務模式是透過討論以瞭解客戶需求，然後收集內外部資料整理與量化，接下來資料轉為數據並分析，以此建立數據分析平台並訓練及驗證人工智慧模式，最後策略擬定並提供人工智慧軟硬體解決方案。

慧穩科技已幫助很多廠商完成工廠中導入視覺辨識，包括高爾夫球製造商、鞋類製造商、紡織布料製造商……等，現在更強化在非破壞式檢測的解決方案。

這樣的技術因為可以減少重工[5]，大大增加效率，是節能的有效方法。

而慧穩科技的方案也導入了工安，以監視人員是否有職業安全顧慮，減少職災與工作場合中的意外傷害，而此協助企業強化了 ESG 的社會部分。

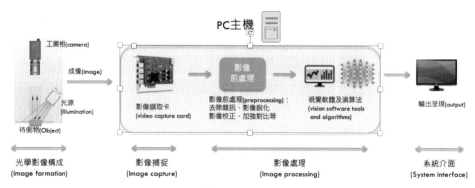

△ 圖 8.3　慧穩科技的視覺辨識流程
圖源：慧穩科技提供

慧穩科技的訪談影片可在 YouTube「數智創新力」頻道找到。

案例 3：谷林運算以綠色機聯網協助中小企業做節能與提高效率

谷林運算（GoodLinker）是一家專注於智慧製造領域的領先公司，致力於為傳統製造業提供創新的 AIoT（人工智慧物聯網）解決方案。自成立以來，谷林運算一直以客戶需求為中心，不斷創新，不僅為客戶提供高效、穩定的智慧製造解決方案，還積極響應全球環保和社會責任，推動綠色製造和可持續發展。

谷林運算打造的「GoodLinker 企業雲端戰情室」提供了建構於 AWS 雲端服務的工廠設備聯網服務，包括邊緣運算主機、機台稼動率監控、面板監控方案、塔燈方案、動作監控方案、溫濕度環境監控方案、能源監控方案等。這些方案的系統都需要運用雲端運算能力，以及收集數據儲存在雲端的資料庫

5　英文為 rework，指不合格產品為符合要求而對其所採取的措施，其措施能讓產品達到原訂的品質水準。資料來源：IATF 16949 條文 8.7.1.4

中。它所提供的服務讓企業可以很容易又省錢的做到工廠內機器聯網，然後利用收集到即時數據建立自己的戰情室，了解所有生產機器的狀況好做安排決策。

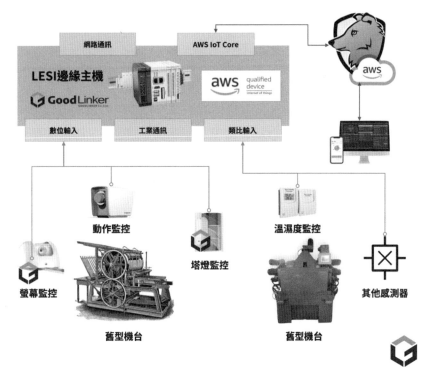

△ 圖 8.4　GoodLinker 企業雲端戰情室幫舊型機台做到聯網
圖源：谷林運算提供

這套系統特別適合三種客戶：

1. **中小微企業**：因為設備數量較少或品牌不一，透過客製化開發連線監控軟體成本不划算。

2. **老舊設備**：這些設備通常無通訊接口或是原廠當初並無提供對外通訊協議規劃或相關文件，透過原廠客製化改機費用高昂。

3. **無通訊功能的保固設備**：一般若機台無通訊功能時，可由電控端進行改造，但侵入原廠機台電控端常有機台保固的權責問題，需承擔較大的風險。

海瑞摃丸就是導入了谷林運算系統的廠家,其因應數位轉型導入了機聯網,改善了製造作業流程,達成平均損耗率(包含環境汙染及能源浪費)由 10% 下降至 3%,生產製程率由 89% 提升至 96%,這當然減少了因為廢棄食品以及製程效率造成的溫室氣體。另外,谷林運算也協助了享曆塑膠射出工廠、碩灃科技,以及一夫水產等工企業與農企業做到即時戰情顯示系統,以控管工廠狀況,達成數位轉型,因而減少能源浪費。

谷林運算於 2023 年推出了綠色機聯網服務,這一服務是為了響應 ESG(環境、社會與公司治理)要求,旨在幫助製造業客戶實現綠色製造目標。該服務不僅將設備生產數據進行聯網,實現了智慧化生產管理,還能夠監控品質因子,保障產品品質。最重要的是,谷林運算透過該服務協助客戶將相關碳排數據自動上傳,幫助企業實現碳中和和減排目標,為環境保護盡一份力量。

隨著技術的不斷發展,谷林運算於 2024 年進一步推出了企業雲端戰情室的 GenAI 功能。這一功能利用人工智慧技術,能夠自動分析工業數據,並提供相應的摘要和報告。透過 GenAI 功能,製造業客戶可以快速掌握生產數據的關鍵信息,及時發現潛在問題,提高生產效率和品質。這一功能的推出進一步彰顯了谷林運算在智慧製造領域的技術領先地位,也為客戶帶來了更大的價值。

谷林運算一直以客戶滿意度為目標,堅持為客戶提供高品質的解決方案和優質的服務。他們的專業團隊不斷學習和進步,與客戶密切合作,深入了解客戶的需求,並提供量身定製的解決方案,使得客戶能夠更好地應對市場變化和挑戰。谷林運算也因為協助中小企業達成數位轉型及減碳,被台灣中小企業銀行投資。[6]

谷林運算訪談影片可在 YouTube「數智創新力」頻道找到。

---

[6]　資料來源:谷林運算提供。

案例 4：華夏玻璃的綠色數位轉型

華夏玻璃是國內第二大玻璃業者，之前已經展開並達成了數位轉型的三階段作法，如圖 8.5。

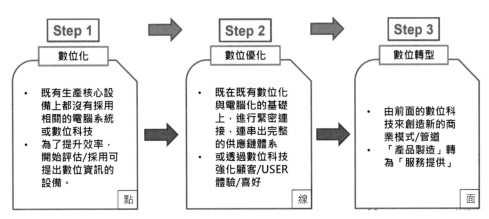

| Step 1 | Step 2 | Step 3 |

數位化
- 既有生產核心設備上都沒有採用相關的電腦系統或數位科技
- 為了提升效率，開始評估/採用可提出數位資訊的設備。

點

數位優化
- 既在既有數位化與電腦化的基礎上，進行緊密連接，連串出完整的供應鏈體系
- 或透過數位科技強化顧客/USER 體驗/喜好

線

數位轉型
- 由前面的數位科技來創造新的商業模式/管道
- 「產品製造」轉為「服務提供」

面

∧ **圖 8.5** 華夏玻璃的數位轉型三階段

圖源：華夏玻璃提供

因為華夏玻璃的銷售額以外銷為主，銷售版圖遍及世界多國，其於 2021 年其成立 ESG 籌備小組，並且訂定如下的環保措施與目標：

1. **綠能跟再生能源利用**：目標 2030 年再生能源達到 20% 以上的能源目標。

2. **建立永續的供應鏈**：在 2030 年以前，全廠回收玻璃使用佔比達 65% 以上。

3. **廢氣廢水處理&包裝物（紙板，紙箱，膠帶等等）**：針對汙染源處理，在碳排放及 NO2 排放標準比照政府規章及全球 SDG 標準逐年調降；持續跟客戶溝通，減少紙箱／紙板使用，按照目前使用量逐年 2% 下降，2030 年前包材下降 15%。

4. **棧板重新回收使用**：木製棧板可 100%回收並重新使用；逐年減少外購塑膠棧板數量，年減 2% ～ 3%，在 2030 年前塑膠棧板下降 15%。

也因為深知永續議題對企業長遠發展的重要性，雖然華夏玻璃並非上市櫃公司，仍自主編製 ESG 企業永續發展報告書。於 2022 年起，參考「聯合國永

續發展目標」之 17 項永續目標，選擇與其相關的主要項目，訂定目標、定期揭露 ESG 成效。

就數位轉型構面，華夏玻璃已經導入了 Universal Robot 的機器手臂，並利用機器手臂產生的數據，結合了 ERP、MES、CRM 等系統產生的數據來做建模優化，提高了營運效率。為了更進一步地達成節能減碳，華夏玻璃在工廠端整合了每日爐窯能耗及日產量、每日各偵測點平均數據與爐窯能耗及日產量，以及每小時各偵測點數據與爐窯能耗及產量以這 3 份資料進行建模，並於建模完成後用 100% 的資料進行回測。預計透過 AI 標準化與最佳化搭配窯爐課教育訓練與現場管理，每月約可節省電費達 32 萬新台幣，一年可節省達 384 萬新台幣。

 ## 案例 5：西門子的數位孿生

西門子一開始發展了工業 4.0，後來加入人工智慧發展了數位孿生。西門子的數位孿生是基於 MindSphere 的平台軟體，分成三種類型「產品」、「生產」，以及「性能」三種類型。

1. **產品數位孿生**：使用數位孿生高效設計新產品，可用於虛擬世界中驗證產品性能，同時還可以顯示您的產品目前在物理世界中的表現。這種「產品數位孿生」提供了虛擬-物理間的連接，以分析產品在各種條件下的性能，並在虛擬世界中進行調整，以確保下一個物理世界的產品在現場完全按照計劃運行，進而做出最佳決策。因此縮短了總開發時間，提高了最終製造產品的品質，並加快了響應客戶反饋的迭代速度。

2. **生產數位孿生**：就是在製造和生產計劃中使用數位孿生，其可以幫助驗證製造過程在車間實際投入生產之前的運行情況。透過使用數位孿生模擬流程並分析事情發生的原因，企業可以在各種條件下都保持高效的生產。透過創建所有製造設備的產品數位孿生，可以進一步優化生產。使用來自產品和生產數位孿生的數據，企業可以防止設備突然停機的問題，甚至可以預測何時需要進行設備維護，使製造操作更快且高效、可靠。

3. **性能數位孿生**：就是使用數位孿生捕獲、分析和處理營運數據。因為智慧產品和智慧工廠會生成大量關於其利用率和有效性的數據。性能數位孿生從運行中的產品和工廠捕獲這些數據，並對其進行分析。透過利用性能數位孿生，企業可以創造新的商機、獲得洞察力以改進虛擬模型、捕獲、匯總和分析營運數據，以及提高產品和生產系統效率。因為效率最佳化，特別是針對各部分的能源數據的掌握，所以可以節能減碳。

西門子 2022 年起跟 NVIDIA 合作強化人工智慧能力，讓企業組織透過連接 NVIDIA 的元宇宙創作平台 NVIDIA Omniverse 與 Siemens Xcelerator 這個西門子的數位轉型生態系平台，創造出接近真實世界的數位孿生，以串連從邊緣到雲端的軟體定義人工智慧系統。[7] 因為這套數位孿生系統達成了高效率，也減少了很多電能和資源浪費。

8.2.2　永續供應鏈

因為新冠疫情讓大家了解到全球化的供應鏈有太多風險及潛在問題，需要強化其韌性，而對供應鏈的永續管理，更是企業達成永續必要的舉措。要做到永續供應鏈，要考慮採購、製造、物流，結合規劃與逆向物流[8] 的舉措，在這些層面都得做好管理，過程中的數據以人工智慧協助可以大大增加效率。以下我們以台積電及新呈工業的案例說明。

 案例 6：台積電的雙軸轉型與數位供應鏈管理

台積電是台灣的典範企業，台積電資訊長將推動智慧製造分為三個階段，第一階段是 2000 年進入全自動和電子企業，是讓電腦和設備學會人做的事情，並推動企業流程再造和組織效率提升；第二階段是 2012 年發展大數據分析和整合平台，此時是用自動化系統取代人做的事情，並發展電子化企業與供

---

[7]　資料來源：電子時報 裴昱琦分析報告

[8]　將產品和材料向供應鏈上游流動、[1]及回收或處置產品而將產品從消費端或配送中心等供應鏈下游運走的過程。逆向物流也可能包含再製造和翻新的過程 資料來源：wikipedia
https://zh.wikipedia.org/wiki/%E9%80%86%E5%90%91%E7%89%A9%E6%B5%81

應鏈的整合，以成為客戶的虛擬晶圓廠；第三階段是 2016 年透過人工智慧、高效能雲端運算和團隊協作創新，此時建立數位大腦並整合大數據、人工智慧等科技與領域專家的決策智慧和知識管理，達成同步提升決策的品質、速度跟效率。[9]

而在這過程中，台積電更達成了利用智慧化節能及溫室氣體減量，透過其建置的智慧化管理系統，達成精準控制以降低待機能耗，並且透過汰換低能效元件，讓機台設備耗能最佳化，根據台積電民國 111 年度永續報告書中的資訊「台積公司於民國 111 年共執行八大類 684 項電力節能措施，總累計節能比率 13%，新增年節能量 7 億度電，相當於減少近 36 萬公噸二氧化碳排放，節省電費新台幣 17.5 億元，因減少排碳而降低的潛在外部碳成本新台幣 5.3 億元。」

為強化供應鏈管理，台積電在民國 109 年將台積公司供應鏈商務入口網站「Supply Online」全面升級為全球責任供應鏈管理平台「Supply Online 360」，並於當年底正式上線啟用。透過更詳細的「供應商永續標準」執行指引，結合數位管理供應商永續績效，讓供應商建立企業營運與永續學習資源的雲端知識平台，並且啟用供應鏈員工申訴管道等全新功能。[10]

為強化供應鏈永續能力，台積電在永續供應鏈管理上，以開放式教育平台「台積電供應商永續學院」分享製造及營運經驗。此平台於民國 110 年 1 月正式上線，截至民國 111 年 12 月已達 120 萬人次；而透過此供應商永續學院達成持續提升供應商能力、韌性，以達成厚植永續量能，落實其建立責任供應鏈承諾。而台積電供應商永續學院規劃了七大學程共 44 門課程，七大學程包括「安全與衛生」、「勞工人權」、「環境保護」、「營運法規」、「供應鏈永續管理」、「資訊安全」，以及「品質控管」[11]。

---

9   資料來源：關鍵評論網
     https://www.thenewslens.com/article/161666
10   資料來源：台積電 ESG 網站
     https://esg.tsmc.com/ch/update/responsibleSupplyChain/caseStudy/23/index.html
11   資料來源：台積電 ESG 網站
     https://esg.tsmc.com/ch/update/responsibleSupplyChain/caseStudy/38/index.html

案例 7：新呈工業的雙軸轉型與綠色供應鏈行動

新呈工業在數位轉型上歷經了四個階段，從第一個階段的「打好基礎、穩健發展」到「數位賦能、數位優化」，2020 年更進步到「數位轉型、智慧營運」，而 2022 年因應綠色數位轉型的需求，則進行到「綠色數位、雙軸轉型」的階段。

在「數位賦能、數位優化」階段，新呈工業找上了先知科技協助，透過之前就完成的機器聯網輔導專案，把需要的數據收集到，再依此分析以提供 AIoT 智慧生產管理以及智慧故障預警的輔導服務，而執行這個服務的專案達成三大效果。

1. 減少退貨處理成本，每年由 6 萬降至 2 萬以下。

2. 提高產品良率由 80% 提升至超過 90%。

3. 縮短維護設備導致停機的時間由每年 48 小時無預警停機降至 15 小時以下。

在「綠色數位、雙軸轉型」階段，新呈工業導入了多種減碳手法，其中使用 RPA（Robotic Process Automation）的工具有很不錯的成效，RPA 每個月節省人力 3.69 人，每年節省 180.81 萬。而使用成效 ROI[12] 為 1.31。

新呈工業並設定了其淨零碳排路徑圖為實踐減碳依據，如圖 8.6。

---

[12] ROI=Return Over Investment，也就是「回報金額／投資金額」

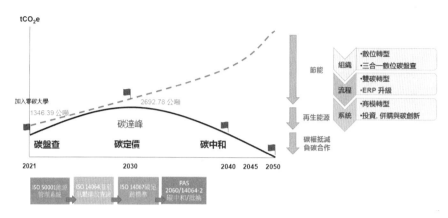

新呈淨零碳排路徑圖 (Roadmap)

△ 圖 8.6　新呈工業的淨零碳排路徑圖

圖源：新呈工業提供

另外，新呈工業展開了綠色供應鏈活動，除了輔導其供應鏈上游廠商碳盤查，以及電源管理之外，並且由自身實例讓這些上游廠商願意開始使用智慧電錶開始管理電量數據以及使用 RPA 來強化效率及減碳。而新呈工業設立了 4 階段綠色供應鏈願景，以「製程改善」、「循環經濟平臺」、「綠色設計平台」，目標最後達成「搶奪世界盃冠軍」，由此可以看出其在此的用心。

關於新呈工業綠色數位轉型的作法細節，附錄 B 提供其董事長陳泳睿的詳細說明。

新呈工業訪談影片可在 YouTube「數智創新力」頻道找到。

8.2.3　汙染防治

水和空氣汙染的防治，一直是工業上的重要議題，之前《看見台灣》紀錄片播出時，讓大家更深刻感受到台灣這片土地因為工業發展遭受到的汙染破壞，而透過 AIoT 的系統感測並及時處理，是可以很好地處置的，這裡以臥龍智慧的水處理為例說明。

案例 8：臥龍智慧用人工智慧做好水處理

臥龍智慧環境有限公司創立於 2021 年 4 月，總經理謝文彬之前是台積電廠務方面的資深經理，對水處理很有經驗。臥龍智慧環境是將 AIoT 應用在水資源管理的新創公司，技術為以水質感測器佈建／中控系統建立／人工智慧 AI 系統為主要技術，做廢水／水回收系統解決方案與工程服務，提升效能；現在也提供電力與碳盤查系統輔導與建立。在水資源方面的智慧 AIoT 應用包含預測與決策水處理系統、水處理操作程序參數最佳化，以及智慧水處理管理平台三大主題。

臥龍智慧在水處理上提供了 AI Sensor 加值自動防禦系統及 AI 精準加藥系統的解決方案，以下分別說明：

1. 透過 AI Sensor 加值自動防禦系統可以做到判斷水機台上的感測器發出的警訊，自動判斷是感測器問題還是水質異常的系統問題，降低警報的亂報引發的困擾；還有提供 Sensor 異常預警與狀況排除說明，以及保養與健康狀態不良的警示。

2. AI 精準加藥系統可以做到 AI 精準加藥，減少人力負擔、減少化學藥品浪費，還達成減少汙泥產生量。含因為效率提高，減少碳排放，節約能源，並且延長系統壽命。

以 AI 精準加藥系統應用在國家研究單位為例：原來此單位飲用水質維持需值班人員需手動調整 12% 原濃度藥液調至加藥所需濃度，手動加藥，造成人員負荷，且使用後饋式混凝劑加藥造成不及時與誤操作風險。在導入臥龍智慧環境的 AI 精準加藥系統後，其效益為水質改善濁度改善 200 倍，節省藥劑達每年約 5.5 噸藥劑費，降低汙泥量與過量加藥所產生偏鋁酸鈉汙泥約 5～10 噸，以及全自動加藥達成減少人力負荷與人為失誤風險，降低人力負擔，維持穩定產水水質。[13]

---

[13] 資料來源：裴有恆於新北市工業會雙月刊中發表文章。

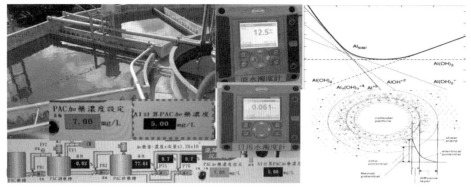

∧ **圖 8.7** 臥龍智慧環境在國家研究單位自動加藥系統圖

圖源：臥龍智慧提供

臥龍智慧這樣的系統不只應用在工業上，在養殖漁業上也協助了很多案場。

臥龍智慧訪談影片可在 YouTube「數智創新力」頻道找到。

8.2.4　工業循環經濟

循環經濟在工業上就如第一章所提到的作法（如圖 8.8），商業模式有共享、維修、再使用、再製造／翻修，以及回收等。共享在台灣最有名的就是 Youbike，現在 Youbike 2.0 在台灣很多城市都有佈建，使用率很高，加上公共汽車及捷運等基礎設施，讓開車量降低，而 Youbike 的使用數據，如 Youbike 被借車輛是從哪站到哪站，人工智慧分析後可以考慮做重新佈點與交通疏通的依據。維修、再使用是透過維修將可用的機器重複使用，而再使用往往透過租賃提供使用權取代購買的擁有權，讓為了提高客戶使用體驗，在租賃時往往會收集客戶的使用數據，再依據這些使用數據來建立 AI 模型，強化客戶體驗，在本節我們使用開拓重工的例子來做說明。而回收上，我們也以蘋果公司針對 iPhone、iPad 的回收為例說明。

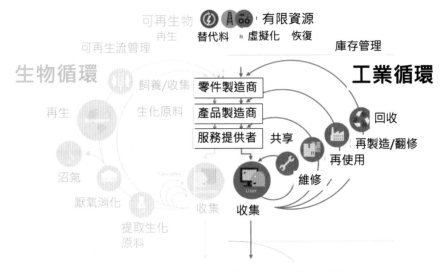

可再生物
再生
替代料　虛擬化　恢復
有限資源

可再生流管理

庫存管理

生物循環

工業循環

飼養/收集

零件製造商

生化原料

產品製造商

回收

再生

服務提供者　共享

再製造/翻修

沼氣

再使用

維修

厭氧消化

收集

提取生化
原料

收集

∧　**圖 8.8**　循環經濟蝴蝶圖 強調工業循環版
資料來源：Ellen MacArthur 基金會

 案例 9：蘋果公司使用機器人做回收品拆卸

蘋果公司為了提升從二手 iPhone 回收可用材料的效率，使用了蘋果拆解機器人 Daisy，其達成每小時 200 支速度分辨 23 種不同的 iPhone 機型，拆解速度是每 18 秒一支。目前在美國與荷蘭設有 Daisy 產線，每個產線每年可拆解 120 萬支 iPhone。工作做法為將每支待拆解的 iPhone 放到 Daisy 輸送帶上掃描，確定正面朝下，再由 Daisy 的機器手臂抓起並移除螢幕，接著以人工智慧掃描分辨 iPhone 機型，決定要採取哪些相關的步驟。接著機器手臂會移除每支 iPhone 的電池，鬆開內部零件的螺絲，再透過晃動讓零件掉落，最後進行回收分類。[14] 在 2021 年蘋果產品所使用的原物料比重當中，再生鋁金屬的使用比重是最高的，有高達 59% 產品的鋁成分來自再生鋁，並有許多產品外殼直接使用 100% 再生鋁材；此外有 30% 產品使用再生錫，包括新款 iPhone、iPad、AirPods 與 Mac 主板焊料皆使用 100% 再生錫焊料；iPhone 電池的鈷進行拆解進行再生，達成佔新產品當中鈷量的 13% 比重。

---

[14]　資料來源：科技新報 https://technews.tw/2022/03/11/apples-dismantling-robot-daisy-is-upgraded/

另外在 2021 年開始使用經過認證的再生金，用於包括 PCB 的鍍層與 iPhone 13、iPhone 13 Pro 的前、後置相機的連接線路。[15]

∧ 圖 8.9　蘋果的 iphone Daisy 拆卸機器人
圖源 YouTube

蘋果在全球企業營運方面已經達成碳中和，並計畫於 2030 年前在製造供應鏈及所有產品生命週期的業務上，達成從零組件製造、組裝、運送、顧客使用、充電，回收及原料處理後再生，每部出售的蘋果裝置都能達到 100%碳中和。[16] 現在蘋果積極地要求其供應鏈配合以達成此計畫。

 案例 10：開拓重工使用客戶數據提升客戶體驗

開拓重工（英文 Caterpillar Inc.）1925 年成立，是總部位於美國伊利諾州迪爾福德的重型工業設備製造公司，其主要產品包括農業、建築及採礦等工程機械和柴油發動機、天然氣發動機及燃氣渦輪發動機。[17]

開拓重工研究客戶想要實現的目標時，他們發現不是操作其重型機器，而是實際使用這些機器來建造或移動東西。透過觀察客戶和他們想要完成的工

15　資料來源：Cool 3C https://www.cool3c.com/article/176051
16　資料來源：科技新報
　　https://technews.tw/2022/03/11/apples-dismantling-robot-daisy-is-upgraded/
17　資料來源：Wikipedia
　　https://zh.wikipedia.org/wiki/%E5%8D%A1%E7%89%B9%E5%BD%BC%E5%8B%92

作，開拓重工發現了新的客戶問題，來制定了新的價值主張。透過採取以客戶為中心的方法，開拓重工決定致力於支援客戶提高效率和生產力，並且以租賃的方式提供給客戶使用，客戶一旦有問題，就提供維修。

為了達成更進一步提升客戶體驗的目的，開拓重工開發了 Cat Connect，以及 Cat App 來得到客戶端的數據，透過分析客戶數據，來瞭解客戶需要的服務，進而提供更好的服務。並且重點關注最大限度地減少機器停機時間、提高營運效率並幫助客戶實現其業務目標。[18]

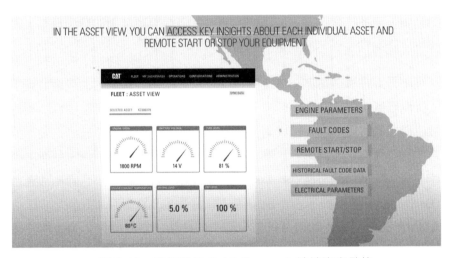

へ 圖 8.10　開拓重工 Cat® Connect　遠端資產監控

圖源：YouTube https://www.youtube.com/watch?v=xjG8XKKrd9o&ab_channel=CatElectricPower

8.2.5　綠能與儲能

綠能系統可以透過 AIoT 系統做監測及控制，例如施耐德電氣利用太陽能電池板加上 1000 多個物聯網感測設備結合成系統，以實現能源管理和即時優化策略，該系統以每分鐘監測和控制建築物中任何能源系統的狀態，並且進

---

[18]　資料來源：medium
https://businessmodelsinc.medium.com/the-business-model-of-caterpillar-64a5aad97a73

一步匯總和分析來自所有感測器和或儀表量測的數據，並可快速利用能源系統相關指標分析。[19]

國內的台達電以節能出名，現在更是擁有儲能事業群，下面就以其為案例來做探討。

 ## 案例 11：台達電的綠色製造與儲能

台達電鏈結了製造業數位轉型 know how 而開發了解決方案，包含最前期的顧問諮詢，到系統實際導入與事後維運，以降低製造業者的轉型負擔，確保能解決生產痛點、滿足客戶廠房的需求。

這套解決方案在導入前期，台達電將跟客戶一起盤點廠房內的設備資產，接著依據現場狀況提出建議。而導入解決方案期間，更會結合過往協助其他廠商數位轉型的實戰經驗，組成適合此客戶的智慧綠能製造系統。這個綠能製造系統擁有智慧化設備機台、聯網系統、IIoT[20] 智慧管理平台、生產可視化管理平台、智慧化的廠務監控系統、能源管理系統、戰情中心等。透過台達的 DIALink 設備聯網平台，就可達成無縫串聯 OT[21] 與 IT 兩大系統；而DIAMMP 製造可視化管理系統則可依不同的需求者的職權，讓運作數據以不同的內容方式呈現，如產線上的 PQM 看板、廠長室中的廠房管理、企業總部內的戰情室等。而台達電的一家傳統製造業的客戶，則在導入台達智慧綠能方案後，單一廠房的能源支出費用減少了 30%，產線上產品的品質問題大大減少，成效顯著。[22]

---

[19]　資料來源：就享知
　　　https://www.digiknow.com.tw/knowledge/622973d038ff8

[20]　Industrial Internet of Things 的縮寫。

[21]　Operation Technology，操作技術是透過直接監視和／或控制工業設備，資產，過程和事件來檢測或導致更改的硬件和軟件。 資料來源：Wikipedia 英文版

[22]　資料來源：科技報橘報導
　　　https://buzzorange.com/techorange/2020/06/02/delta-green-energy-starts-from-otit/

台達電更開發了儲能系統,現在導入在多處,特別是在台電金門塔山電廠夏興分廠建置的儲能系統解決方案,包括 1MWh 的鋰電池儲能系統、2MW 容量的功率調節系統、能源管理系統及環境控制系統,其中使用 AIoT 做管理與控制。此套儲能系統除可儲存金門太陽光電、風力發電等再生能源產生的電力,在用電尖峰時提供電力,並可平緩再生能源變動:太陽日照充足時,可存下過剩電力;而系統有需求時將電力送出,調節並減少系統波動,以維持電網穩定。[23] 台達電也提供太陽能綠電系統,以及永續發展顧問的服務[24]。

8.3 結論

因應 ESG 大趨勢,特別是對被客戶要求減碳、或者將被歐盟要求課徵邊境碳關稅的產品的生產廠商[25],有很大的減碳需求。而透過跟上游供應鏈的合作、AIoT 智慧化、循環經濟結合綠色設計,加上綠能與儲能解決方案的整合,才有機會達成,而人工智慧在其中可以協助提升效率與效果。

而工廠的汙染防治,也能透過 AIoT 智慧化協助,並且還可能會達成減碳的效果。

另外透過人工智慧影像辨識,結合工安系統,可以讓員工降低職業災害的危險,這是另一個很重要的人工智慧在工業上 ESG 社會面的應用。

---

[23]　資料來源:ETToday 網站
　　　https://finance.ettoday.net/news/1714183e

[24]　資料來源:科技報橘辦的 2024 AI 智慧大工廠論壇 台達電的演講簡報。

[25]　本章參考作者裴有恆另兩本書《AIoT 人工智慧在物聯網的應用與商機》以及《AIoT 數位轉型在中小製造企業的實踐》

農業

—— 裴有恆

9.1 介紹

AIoT 做永續與雙軸轉型關乎食衣住行育樂各個方面，與食物有關的就是智慧農業。智慧農業就是透過 AIoT 的架構，來做好生長環境監測，以提供食糧生產最適當的培育環境。德國工業 4.0 的範疇後來也加入了智慧農業，把農業當作食物生產的流程。而農業的地方創生與人才培育，人工智慧及雲端數位系統都可以扮演很好的協助角色。

而就 ESG 對應的聯合國 17 項永續發展目標，從其子目標來看，就有 9 項跟農業有關，說明如下：

- **目標 1 終止貧窮**：子目標 1.4 - 確保所有人有永續的糧食安全，並改善農業生產系統。

- **目標 2 消除飢餓**：子目標 2.3 - 實現全球飢餓終結，實現糧食安全，改善營養，促進永續農業。

- **目標 3 健康與福祉**：子目標 3.4 - 減少兒童和孕婦營養不良，促進永續農業實踐。

- **目標 6 淨水與衛生**：子目標 6.4 - 提高水效益，確保永續的農業水管理。

- **目標 8 合適的工作及經濟成長**：子目標 8.6 - 促進農業生產性和增加農民收入。

- **目標 12 負責任消費及生產**：子目標 12.3 - 減少糧食損失和浪費，推動永續的農業實踐。

- **目標 13 氣候行動**：子目標 13.1 - 提高農業和森林永續管理的適應能力，減緩氣候變化影響。

- **目標 14 保育海洋生態**：子目標 14.6 - 透過保護和恢復沿岸生態系統，提升小漁村及漁業社區的永續發展。

- **目標 15 保育陸地生態系統**：子目標 15.3 - 打擊沙漠化，恢復受損的土地和土壤，實現永續的農業實踐。

透過人工智慧的分析與監控，可以將整個畜牧／養殖／種植生長環境最佳化，這樣會有很好的生產效率與效果。地球人口增加，但是天候越來越極端，透過人工智慧的協助，智慧農業得以因應這個趨勢。有了極佳的農業生產效率，當然做到節能減碳；也才可以在氣候異變影響農業生產的條件下，有極佳的生產效果，養活地球上的人口，減少因為缺乏食物營養不良的機會。另外，人工智慧可以協助水的潔淨，這個我們從第八章提到的臥龍智慧的例子可以得知，而臥龍智慧也有協助一些漁戶做人工智慧淨水處理。

另外，對聯合國永續發展目標 目標 7「可負擔的潔淨能源」而言，農業也扮演很重要的協助角色。因為動物的糞便與廚餘腐敗會產生沼氣，沼氣是可將有機廢物（如廚餘／廢棄農作物或動物糞尿水等）經厭氧分解及發酵後所產生的，沼氣成分 50～65% 是甲烷、30～45% 是二氧化碳。沼氣屬於生質能的一種，可以用來發電與燃燒[1]。而農地與魚塭利用空間用來置放太陽能板發電，這就是農電共生與漁電共生，也是農漁業做到綠色轉型的重點方式，但

---

[1]　資料來源：綠能專案推動辦公室網頁
https://pge.pthg.gov.tw/%E7%B6%A0%E8%83%BD%E4%BB%8B%E7%B4%B9/%E6%B2%BC%E6%B0%A3%E7%99%BC%E9%9B%BB

是因為太陽光照被太陽能板遮蔽而因此減少，影響生產，若透過結合 AIoT 的智慧農業協助，則可以達成兩者平衡的最佳化[2]。

9.2 應用案例

由 9.1 節的資訊可知，永續與雙軸轉型在農業應用，以數位轉型來看可以分為農業智慧化及畜牧業與養殖業的智慧化兩種，而以 ESG 綠色轉型來看，則有農業循環經濟、農業綠電，另外，我們可以加上讓城鄉永續的地方創生五個部分。故各節規劃如圖 9.1。

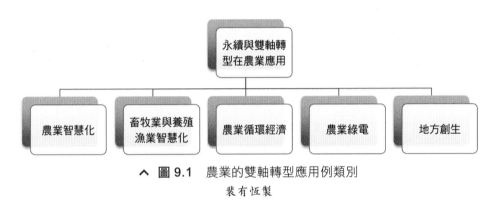

∧ 圖 9.1 農業的雙軸轉型應用例類別

裝有恆製

9.2.1 農業智慧化

用 AIoT 協助農業智慧化指的是利用各種感測器測得數據，監控瞭解農作物本身與環境狀況，並施以對應控制。

2　作者之前訪談海洋大學呂明偉教授，詳情請參考
https://www.youtube.com/watch?v=2wIrs8YJmOw&t=37s。

農業智慧化的重點在農作物管理。耕作部分的精準農業[3] 以衛星和航空影像地形圖、土壤、環境、天氣數據，整合機器數據，以便進行更精確的播種。目的在優化田間管理，達成農作物科學，環境保護以及經濟考量。其中農作物科學是透過將農作方式與農作物需求相匹配，環境保護是為了減少農業的環境風險，而經濟考量是因為提高效率與效果而提升競爭力。由於為農民提供了豐富的訊息，因此農民可以建立農場的數據紀錄、改進決策力、培養強力的可追溯性、提高農產品品質與行銷能力。而同樣的能力可以用於食品加工生產上，了解製造狀況，提高效率，減少浪費，達成節能減碳效果。

案例 1：福壽實業的雙軸轉型

福壽實業在 1920 年以第一部木製榨油機開啟集團的事業，是國內油脂製造的先河。而福壽在 2018 年便設立 AI 辦公室，導入 AI 智能製造及智能營運。

2018 年福壽實業與工研院、資策會合作，簽訂為期 3 年的智能製造及智能營運計畫：與工研院合作導入智慧製造技術，建立生產監測戰情平台；以及與資策會合作，進行智慧營運。導入人工智慧技術，像是在油廠中設置智慧監控系統蒐集數據、行動營運 APP 的建置，以及雲端數據整合平台，改善公司內部流程，並預測未來趨勢，以達到精準高效的生產模式。

像是油品包裝線產能數據智慧管理系統，原本採取人工線上檢出登錄統計作業，每批量耗時 20 分鐘，錯誤發生率 0.3%；推行 AI 智慧製造產線管理分析系統後，不僅更省時且將錯誤發生率降至 0%。[4] 而白肉雞飼養場建置智慧環境監控設備、智慧磅秤，收集資料並進行數據分析，預測毛雞重量，優化飼養管理，而協助研發的微生物導入電宰廠透過 AI 影像辨識，自動區分屠體等級，進行品質監控與管理，以目前電宰量估算，一年約可節省 2 千萬元；飼養端可減少電費、水費與飼料消耗，金額省下約 729.5 萬元。因為減少了

---

[3]　資料來源：https://en.wikipedia.org/wiki/Precision_agriculture

[4]　資料來源：知勢
　　　https://edge.aif.tw/fwusow-chairman-learns-ai/

用電，對應的碳排放也減少；減少水費，就代表了水資源使用的減少。福壽實業整合了既有系統有飼養環境管理資訊平台、成本指標（來自 **ERP**）以及 **IOT** 設備資料等，達成強化整個白肉雞供應鏈的數據資訊化、可視化與即時化。[5] 根據戰情可以做到及時調控。

另外，福壽實業在台中港廠進行輸油管優化，做到 AI 管路排程與模擬軟體建置，閥門與流體監測感測器裝設與遠端 IoT 網路佈建，以及遠端控制電動閥門佈建。沙鹿總廠因所在地逐漸都心化，生產飼料時所產生的異味（動物嗜口性原料添加），也透過智慧監測、進而改善降低異味。[6]

這些 AI 科技輔助生產製造，全面提升了生產品質、發揮營運效能，也做到了節能減碳，減少廢料因腐敗造成甲烷的量。

另外福壽也持續執行糧農循環營運模式、更換節能設備、減少碳排放、產品驗證碳足跡、水足跡、積極培訓人才等各項 ESG 作為。

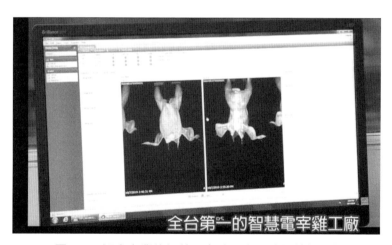

∧ **圖 9.2** 福壽實業的智慧電宰雞工廠內的智慧檢驗設備
圖源：YouTube https://www.youtube.com/watch?v=mQ2OA743lxU

5　資料來源：福壽實業提供。
6　資料來源：福壽實業提供。

在 2023 年福壽實業獲得 AREA 亞洲企業社會責任獎──循環經濟領導獎、SGS 碳管理獎、台中市低碳永續城市傑出貢獻獎、TCSA 企業永續報告書金獎……等多項殊榮。[7]

9.2.2　畜牧業與養殖漁業的智慧化

畜牧業的人工智慧應用，有擠奶機器人了解母牛狀況、放牧機器人以了解動物狀況、牲畜監控裝置，以及透過影像辨識了解牲畜是否生病……等等應用。

例如日本大阪大學的研究人員透過人體步態分析的衍生，經由牛步態影像，開發了在早期檢測乳牛因蹄病而跛行的方法，準確率高達 99% 以上[8]。

養殖漁業的人工智慧應用現在都是利用數據來分析來達到產能及品質最佳化，因為這樣的解決方案現在很貴，所以都是用在經濟價值高的魚類養殖，等到解決方案降低到能讓中低經濟價值的養殖漁業業者負擔的起，就會有更廣的應用。

養殖漁業的部分，以感測器收集數據，分析後找出最適合的養殖方式，寬緯科技公司的智慧養殖監測與控制平台是很好的例子。

 案例 2：寬緯科技的智慧養殖監測與控制平台

打開 OPEN AI 的 Chat GPT，如果您詢問「養殖漁業可以用 AI 幫助嗎？」，除了看到肯定的「絕對可以」及改變行業的許多創新論述，並引用台灣這家專注科技養殖的公司──寬緯科技及台灣人數最多的 AI 社群平台──台灣人工智慧學校的公開資料，來佐證這個重要趨勢。

養殖漁業絕對可以借助人工智慧來取得顯著的幫助。透過智能技術，養殖業者可以更有效地監測、管理和優化養殖環境，提高生產效率和品質，同時降

---

[7]　資料來源：福壽實業提供。

[8]　資料來源：PHYS ORG
　　https://phys.org/news/2017-06-image-analysis-artificial-intelligence-ai.html

低成本和風險。台灣的寬緯科技便是一個極佳的例子，該公司專注於開發 AIoT（人工智慧物聯網）平台解決方案，致力於養殖業的轉型發展。

自 2016 年以來，寬緯科技的董事長兼總經理蔡政勳先生提出了專注於科技養殖的理念，並推動了相應的創新方案。他的願景是利用人工智慧、物聯網和其他先進技術來改善養殖業的生產流程，使之更加智能化、精準化和可持續化。

除了寬緯科技，台灣人工智慧學校等組織也提供了大量有關人工智慧在養殖漁業中的應用案例和研究資料，這些資料都佐證了利用人工智慧來改變養殖業的重要性和可行性。

寬緯科技將感測器、4G、NB IOT、雲端系統服務、資料運算、人工智慧等等技術綜合起來，將人工智慧、大數據分析、自動化管理應用在水產養殖業，打造了可以智慧監測、記錄、警示以及控制的產品水聚寶和智慧電箱。水聚寶 24 小時不間斷地每 5 分鐘記錄一次數據；智能電箱則是可以連結打水車、飼料、抽水馬達等桶設備的開關，藉由「水聚寶」收集的數據資料決定該操作哪些設備，不僅可以即時處理，也省下飼料及一半電力成本，當然也減少了碳排放。[9]

以旭海安溯創辦人黃國良的漁塭達成的成果為例，寬緯科技的智慧養殖系統擁有以下好處：

1. **透過 APP 就可掌握魚塭狀況**：只要拿著手機，螢幕顯現魚塭水質中的溫度、含氧量數字曲線變化。

2. **省下電費**：例如養殖漁業最大成本之一是水車打水增加魚池含氧量的電費支出，導入此系統後，電費單一個月費用從 3 萬元降至 1.5 萬元，整整省下一半。

---

[9]　資料來源：數位時代創業小聚
　　https://meet.bnext.com.tw/articles/view/46308

3. **提出預警減少損失**：魚塭硬體裝備下隱藏了各種感測器，收集包含溶氧感知、酸鹼度感測、氧化還原電位檢測和水質監測等四種數據。好判斷魚塭中藻相和水相變化，有效監控著魚塭水質的含氧量、有機物殘餘量等等關鍵變數。此系統每 5 分鐘產生一個數據，以虱目魚約九個月的生長週期，會累積將近 24 萬筆資料，目前已經能做到兩天前預警虱目魚可能暴斃的狀況。[10]

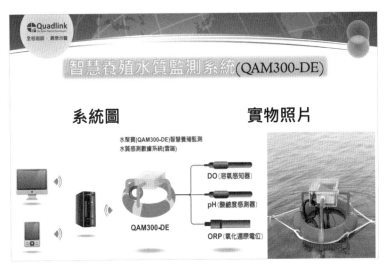

△ 圖 9.3　寬緯養殖水質監測系統
圖源：寬緯科技提供

「水聚寶」名稱是希望成為漁民的聚寶盆，透過專家協助，主要在於即時了解水質狀況，透過蒐集水中溶氧等關鍵資訊來驅動水車，改善養殖的效率；而智能電箱系統，解決現場配電施工不易，透過太陽能板與儲存電池，整合4G/LTE 傳輸資料，也可以支援 LoRa 等無線傳輸技術。自從 2016 年上市以來，已經銷售數百套產品。目前客戶主要的養殖物種是白蝦、龍蝦、鰻魚，或是稀有石斑……等漁塭。[11]

---

[10]　資料來源：今周刊
https://www.businesstoday.com.tw/article/category/80394/post/201901230022/

[11]　資料來源：電子時報
https://www.digitimes.com.tw/iot/article.asp?cat=130&cat1=20&cat2=75&id=0000595539_G7U62AKK2YRXALLQMP7JE

寬緯科技提供漁貨收成後到賣場上架前的銷售旅途保持新鮮的技術：以微震波冷鏈保鮮抑菌設備保存，協助農漁產品市場的穩定品質供貨。[12]

寬緯科技還在 2022 年獲得《商業周刊》頒發第一屆「IMV 漁業創新獎」，在 2023 年獲得台北市電腦公會頒發第四屆「系統整合輸出獎」，以及獲 ESG 科技創新推動聯盟頒「科技創新：漁業養殖生產創新獎」。而其協助的新竹嘉豐漁場的「九降風益生菌烏魚子／白蝦」[13] 及田媽媽計畫下輔導的「田媽媽長盈海味屋」[14] 也獲得米其林指南專輯報導。

9.2.3　農業循環經濟

循環台灣基金會在他的網站上提出了循環經濟結合新農業的三大作法：

1. **高價值循環**：兼顧環境和經濟的發展，除了要從源頭善用大自然的水、空氣、陽光、土壤和維護生物多樣性以外，把農產品的『二高三零』發揮到淋漓盡致；高質化和高值化加上零浪費、零排放和零事故。簡單說，全面推動生物經濟，將大自然培育出來的資源，經由『生物精煉』技術，生產或發展出高價值食材、飼料、肥料、能源、生質材料以及仿生技術。

2. **產品服務化**：農企業和相關的加工企業所需的資產，如溫室結構、抽水機、發電機、食品加工器材等都可以從『買斷擁有』改成『使用服務』的商業模式，如此可以減少農民和企業的資金壓力，同時提升資金運用和日常營運的彈性和韌性。

---

[12] 資料來源：經濟日報
https://money.udn.com/money/story/6722/6952363

[13] 資料來源：臉書
https://m.facebook.com/CHIAFONGGOODS/

[14] 資料來源：米其林得獎報導
https://guide.michelin.com/tw/zh_TW/tainan-region/tainan/restaurant/chang-ying-seafood-house

3. **系統性合作**：所有利害關係人，不論是農村裡的農友，企業的環境工程師、食品加工業者，研究室裏研究仿生、昆蟲、酵素和微生物的科學家，資通、大數據的科技業者，都需要攜手合作，打造一個多元、共生共好的團隊，攜手落實高價值循環化的商業模式和產業。

談到提高高價值循環的例子，台灣的新創「玩艸植造」跟「鉅田潔淨」利用大自然的材料來做吸管及容器是很好的作法。玩艸植造使用蒲草的中空管子取代傳統塑膠吸管，因為蒲草是植物，所以會自然分解，不像傳統塑膠吸管會有棄置後要上百年才可能分解的疑慮，特別是這些塑膠吸管丟入河川、海洋與泥土中造成對大自然的汙染，像之前很有名的海龜鼻孔卡了根塑膠吸管的照片，讓大家知道塑膠吸管已經危害到跟我們一起生活在大自然的生物群了。鉅田潔淨則是將植物廢棄料，做成自然可分解塑膠飲料杯及餐具，讓這些餐具在使用後丟棄，一段時間後會自然分解。

談到農業上的產品服務化，中國大陸的大疆創新公司，很早就成立了植保無人機團隊，透過植保無人機雲平台協助農作；台灣的樂飛空農服務也提供了類似的服務，以農業無人機租賃平台提供農民使用服務而非買斷擁有，而農業無人機可以替代農人解決人手不足問題，又有人工智慧可以做影像辨識，以下以其為案例說明。另有擊壤科技則是以訓練無人機飛手協助農民。

案例 3：樂飛空農服務的農業無人機租賃

因為少子化與農業鄉鎮青年人離鄉工作成為常態，農業作業要找人幫忙往往缺乏人手，樂飛空農服務提供無人機租賃服務，而無人機在空中飛行，透過人工智慧影像辨識，巡視田區，噴灑農藥效率都很高。

樂飛空農團隊在台北市政府創業補助計畫支持栽培下，成功完成智慧農業無人植保機的研發與建立起新型態農業植保服務團隊，現在有 5 款無人機進行服務。

^ 圖 9.4　樂飛空農服務的農業無人機

圖源：YouTube https://www.youtube.com/watch?v＝8SqC7VU9MVE

9.2.4　農業綠電

講到農業綠電，漁電共生，農電共生，以及使用動物糞便提取做沼氣發電，是在台灣盛行的作法；而漁電共生與農電共生，是利用魚塭部分區域與農田部分區域裝置太陽能板，這會影響到日照，這時使用 AIoT 的技術強化生產效率，是現在較好的解法。

2011 年福島核災後，日本積極推動綠能，從自家屋頂裝置太陽能板出發，全民拚發電。2022 年，日本再生能源發電占比已逼近 25%，其中光電貢獻超過 10%，總裝置容量逾 85GW（百萬瓩），成為僅次中國、美國的太陽能大國。而農電共生也是其重要作法之一，這裡我們就以日本的千葉環保能源的農電共生作法為案例說明。[15]

---

[15] 資料來源：《今周刊》ESG 網站
https://www.businesstoday.com.tw/article/category/183015/post/202310180036/

2012 年成立的千葉環保能源株式會社在 2018 年開始營運的「千葉市大木戶農業能源一號機」案場約一公頃大的農地原架設 2800 片太陽能板，裝置容量 770kW（瓩）。為達成有效利用，其種植區塊分別種了地瓜、茄子、芋頭……等等蔬菜，田裡埋有一系列感應器，可測量日照光線、風向，土壤溫溼度。另有水果案場種植了藍莓、檸檬、無花果……等等作物，透過裝設感應器和水管，系統若偵測到日照太多、水分不夠，就會自動澆水。這些只要透過手機 App 就能讓農田主監控。

9.2.5　地方創生

「地方創生」的概念源自日本，當初是因應總人口減少、人口過度集中首都東京，而地方經濟衰退等問題，由日本政府主導的一系列地域活化的政策。在實務面上，創造就業機會、推廣移居、支援年輕世代結婚及育兒等，希望幫助地方結合地方特色及人文，發展出最合適的特色產業及生活圈，以讓青年回流，同時趨緩人口問題。因為台灣也面臨相似的情況，行政院將 2019 年宣誓為「台灣地方創生元年」，核定了地方創生國家戰略計畫，透過提升在地文化、與新創結合，並且依地方特色發展產業、創造就業機會等，造成人們願意移動到鄉下，以緩和城鄉人口不均，增進整體發展平衡，以形成正向循環。而地方創生，本身就是協助強化 ESG 的社會方面，也符合聯合國永續發展目標的第 11 項「永續城鄉」的發展方向。

民國 110 年底，台灣地方創生基金會成立，以協助地方創生。而地方創生基金會陳美伶理事長觀察過去三年的疫情，地方廠商沒有被疫情打倒，存活下來的團隊，都有二個共通的元素，一是提升公司數位能力，另一是員工的數位培訓出來的能力。接下來以雲林口湖台灣鯛的例子來說明。

210

案例 5：雲林口湖養殖達人的地方創生

雲林口湖台灣鯛王子王益豐是第三代的養殖達人，面對氣候變遷及全魚利用的目標，益豐翻轉吳郭魚的命運，打造 AI 智慧養殖的典範，不僅是全部用太陽能綠色能源自發自用，且養殖池也全數據化的管理，從飼料的給予、糞便的收集到汙水的處理，全部都是自動化、智慧化的管理。公司同仁都是在地的夥伴，創造地方的就業機會，形成一個非常棒的生態系。

然而新冠疫情一來，所有同仁好似坐困愁城。益豐沒有辭退任何一位員工，之前因業務忙碌，同仁欠缺學習的機會，正好在疫情期間開設培力課程，教授同仁線上販售數位能力，在善用既有的工具下，疫情期間線上銷售成績逆勢成長，較之前線下實體更好，同仁也開直播、揪團，銷售同仁有了自信，各種創新的模式因應而生，營業額還高於疫情前好幾倍。[16]

9.3 結論

農業雙軸轉型就是要在氣候惡劣、地球暖化且世界人口不斷增加的趨勢下，透過人工智慧的數位綠色轉型方式來達成農產品增長及節能減碳。另外，透過數位力協助農業在社會面的應用，像是在地方創生上協助達成永續，正在蓬勃發展中。

---

[16] 資料來源：地方創生基金會網頁
https://twrr.org.tw/zh-TW/news/191

10

零售業

—— 裴有恆

10.1 介紹

零售購物是從古時候就有的行為，最早是以物易物，後來發明了貨幣來交易，一開始一直在線下，後來網路普及後，線上購物就開始了，而因為行動網路與物聯網的時代來臨，以下現象開始出現：

1. **資訊管道多元化**：消費者希望隨時隨地都能了解商家資訊，所以一定要有 App 或行動網站。

2. **購物通路選擇多元化**：購物不再非要進店不可，手機隨時隨地可以上網購買。

3. **消費需求多元化**：顧客開始會提出要求，能滿足顧客需求的商店才能制勝。

4. **體驗方式多元化**：顧客愈發難侍候，如何給顧客超乎競爭對手的體驗成為關鍵。[1]

---

[1] 出自「零售 4.0：零售革命，邁入虛實整合的全通路時代」一書

由於人工智慧的進步，以及物聯網的發達，消費者的大量行為與消費數據變得相對容易獲得，如電商數據可以使用人工智慧建立模型，預測客戶行為，就可做更準確地銷售，也可以因此做到更正確的對工業與農業生產商下單，減少浪費。特別是有保存期限與溫度的食品，一旦過期只能丟掉，造成浪費。而透過數位地圖整合售價調整的機制，更可以透過價格調低讓消費者提高購買快過期銷售食品的意願，減少浪費，以及因為浪費的食品腐敗造成的甲烷排放。

而就 ESG 對應的聯合國的 17 個永續發展目標（SDGs）中，有一些與零售業直接或間接相關。以下說明：

- **目標 8 合適的工作及經濟成長**：零售業創造就業機會。
- **目標 9 工業化、創新及基礎設施**：零售業在供應鏈、物流和技術創新方面的參與，才能支持永續的工業和基礎建設發展。
- **目標 12 負責任的生產與消費**：零售業可以透過推動永續消費和生產實踐，減少資源浪費，並可提倡環保的商品和包裝。
- **目標 13 氣候行動**：零售業可以透過降低碳足跡、使用清潔能源和推動氣候友善的業務實踐，參與氣候行動。
- **目標 17 夥伴關係**：零售業可以透過與政府、非營利機構和其他企業建立夥伴關係，共同實現永續發展目標。

10.2 應用案例

零售業本身可以透過結合人工智慧提高效率與客戶體驗，而在商品包裝回收上，也可以利用人工智慧強化效率。故規劃以結合人工智慧的「零售永續轉型」，以及「零售商品包裝回收」，各節展開如圖 10.1。

△ 圖 10.1　零售業的雙軸轉型應用例類別
裝有恆製

10.2.1　零售永續智慧轉型

零售業要達成永續，使用 AIoT 系統可以達成多種智慧應用，如協助店員結帳，降低勞務；可以由數據中做商品需求預測，減少食品浪費，而且可以協助電力節省；或是利用數據做串連，產生客戶更佳體驗，並且達成減碳目的。這裡我們以 Viscovery 協助一之軒、全家便利商店、7-Eleven、momo 購物網，以及兼顧製造與零售的 IKEA 為例說明。

 案例 1：Viscovery 以人工智慧協助一之軒加速店員正確結帳

Viscovery 是台灣新創公司中比較早投入影像辨識的廠商，後來更專注於人工智慧深度學習的影像辨識技術，此技術應用於人臉偵測與追蹤、人臉比對搜索、名人辨識、物件辨識、場景辨識、常用資訊分析以及客製化辨識模型等方面。

Viscovery 以 AI 協助了一之軒的麵包結帳，因為用人眼辨識麵包種類，不僅易出錯，而且效率低，尤其是早上趕上班時，結帳人龍常排得很長，給結帳人員很大的壓力，因此容易出錯。透過 Viscovery 針對其開發的 AI 麵包辨識結帳系統已於 2019 年 9 月於一之軒的旗艦店中上線。

這套 AI 麵包辨識結帳系統主要原理係透過攝影鏡頭來獲取影像，之後再利用電腦依據麵包外型特徵做辨識，也就是說，服務人員將麵包放到平台後，

電腦就可以辨識麵包與確認品項,再自動做判斷並計算麵包金額,門市人員接下來按下確認鈕,處理收銀與麵包裝袋的工作,由於流程步驟大幅減少,就加快了收銀台的效率,操作至少省下近一倍的時間。[2] 這樣不但解決了收銀員的困擾,也讓客戶因為結帳速度快而有較好的體驗。

Bakery Visual Checkout
Take less than 1 second to recognize multiple breads

∧ 圖 10.2　Viscovery 協助一之軒的結帳系統
圖源:YouTube https://www.youtube.com/watch?v=WyIVreAYIV0

 案例 2:全家便利商店的 ESG 數位永續轉型

全家便利商店(以下簡稱全家)在 2023 年 10 月宣布台南平豐店完成溫室氣體盤查、碳中和驗證,正式成為全台第一家「碳中和便利商店」,預計於 2024 年底完成全國逾 4,200 店溫室氣體盤查。而在全家台南平豐店中設有 IoT 能源管理系統,可自動偵測冷藏設備溫度,而用電接近滿載時,將主動降載空調、燈具,由此達成每店年節省約 1,700 度電;在冰箱方面,IoT 啟用動態除霜機制取代定期除霜,平均單店可節省約 1,300 度電。在全家便利商店全台門市達超過 90% 裝設 IoT 能源管理系統,2023 年資料顯示,每年可省下 200 萬度電。台南平豐店更是攜手泓德能源建置孤島電力系統,打造全台唯一的「能源韌性實驗便利商店」,運用太陽能綠電自發自用、儲能系統、電

---

[2]　資料來源:中時新聞網
https://www.chinatimes.com/newspapers/20191022000252-260204?chdtv

動車充電樁「光儲充整合系統」，這個系統可達成彈性調節用電方式並達減碳效果，在停電時可維持基本營運至少 3 小時，在離峰與尖峰電價間切換不同能源之使用，估每月可節省電力達成降低近 500 公斤的碳排放量[3]。而在包裝回收上，更是跟宜可可循環經濟合作利用自動資源回收機做各種寶特瓶、鋁罐及電池回收。[4]

∧ 圖 10.3 全家便利商店「能源韌性實驗便利商店」的電力操作數據顯示
圖源：YouTube https://www.youtube.com/watch?v=siGNTvwGpcA

食品棄置會造成溫室氣體甲烷排放。而全家在數位轉型上，使用了基於銷貨數據協助預訂商品的系統，這減少因預估錯誤多訂太多食品造成的浪費與碳排放；還有利用友善時光機制將有效期限於當日 24 時到期之鮮食商品，自 17:00 起，享 7 折優惠，而結合友善時光地圖 App，讓消費者可以速查哪些店有快到期而降價的食品可以採購，好促進食物被客戶買回消費，減少因為食物棄置而產生的溫室氣體。全家友善時光從開始到 2023 年全年減少 26,141 噸的食物浪費，換算二氧化碳效益，根據綠色和平官網的資料，每噸浪費的食物經過掩埋後會展生 221.35 公斤的二氧化碳排放，故減少 5800 噸二氧化碳排放。[5]

全家還以「『全家』攜 6 大產業、8 大品牌組『循環杯大聯盟』」獲得 2024 年遠見 ESG 企業永續獎社會創新組的楷模獎。

---

[3] 資料來源：數位時代
https://www.bnext.com.tw/article/76948/familymart-esg-store

[4] 資料來源：食力網站
https://www.foodnext.net/news/industry/paper/5739871655

[5] 資料來源：全家提供

案例 3：7-ELEVEN 的 ESG 數位永續轉型

7-ELEVEN 自 2018 年 6 月起陸續推出「整合智 FUN 機」、「咖啡智 FUN」機，以及自助無人迷你超商服務，進駐金控總部、科技大廠、政府機關、文教機構等。「智 FUN 機」提供 4°C 與 18°C 多溫層商品結構，包括正餐鮮食、御飯糰、三明治、冷藏乳品、酒精擦、濕紙巾等多達上百款商品組合變化；「CITY CAFE 咖啡智 FUN 機」首創免店員、免下載程式、免預約，35 秒簡單 4 個步驟就能自行製作一杯 CITY CAFÉ，也可使用 OPEN POINT App 行動隨時取兌領功能。「智 FUN 機」後來更推出了現做熱便當，透過觸控式螢幕即可完成點餐、結帳、取餐，滿足科技廠區用餐時段低接觸、快速取餐，而且餐點選擇豐富的需求。並且串聯外送平台 foodomo 架構智能美食街服務，提供雙購買模式（預定與現貨）、雙供餐時段（午餐、下午茶），搭配低接觸非現金支付模式，[6] 而這些背後的智能引擎，也是其可以做到的重要原因。[7]

∧ **圖 10.4** 7-Eleven CITY CAFE 咖啡智 FUN 機的特色
圖源：YouTube https://www.youtube.com/watch?v=FxsHD0Q9Q3w

---

[6] 資料來源：7-11 網站
https://www.7-11.com.tw/company/csr/news_detail.aspx?id=872

[7] 資料來源：聯合報
https://udn.com/news/story/7270/6206805

7-ELEVEN 更是跟統一集團旗下的 iCircle 回收品牌合作，推出了資源自動回收機服務，回收各種透明無色空寶特瓶和 1～4 號及 9V 廢電池。另外也針對此推出 Line 官方帳號，提供包含區域查詢、指定門市查詢，以及異常回報等相關功能，消費者可在 Line 帳號中查詢機台的可使用狀態與可回收的數量，並可在發生異常時，即時利用 Line 回報異常。[8]

案例 4：momo 購物網的雙軸轉型作法

台灣的電商龍頭 momo 購物網積極響應永續發展，著手減少包裝浪費和降低碳排放。

為了做好客戶服務，momo 購物網過去的關鍵績效指標是在最短時間內把貨品送達客戶，因此建立多個衛星倉庫和車隊，以創造雙北六小時到貨的高績效。但快速送貨意味著更多分批次數和紙箱使用，也大大地增加了碳排放。在富邦集團董事長蔡明忠的要求下，momo 購物網不能只從成本考量，必須兼顧環境面。

為減少紙箱浪費，momo 購物網派專人研究紙箱大小、厚薄程度等，開發出 40 多種貼合商品大小的紙箱，並引進 AI 系統挑選適當包裝，使 2022 年單件包材和緩衝材分別減少 7% 和 18%。

在物流端，momo 購物網利用 AI 預測消費習慣以調度貨品，達成降低 20% 以上的分散出貨趟次。並且與供應商分享會員數據和倉庫，讓貨品直送配送中心，在 2022 年減少 2,200 多趟次運送和 75 公噸碳排放。

momo 購物網後來更推出「綠活會員」方案，讓消費者可選擇是否集貨再送、使用循環袋等方式來達成減碳，一個月內吸引 10 萬人加入。momo 購物網計畫在全台各地建立大型主倉，並採用電動車隊，以進一步降低碳排放量。[9]

---

[8]　資料來源：電子時報
　　　https://www.digitimes.com.tw/tech/rpt/rpt_show.asp?cnlid=3&v=20240311-61&n=1&wpidx=8

[9]　資料來源：《商業周刊》1878 期。

10

零售業

219

momo 購物網另外還利用包裝袋回收再製成循環袋，每個循環袋可以使用 23 次，還有包裝用的 30 款以上不同尺寸紙箱，全部都是使用 100% 再生紙漿製成，在 2021 年達成減碳 42,850 公噸的成績。[10]

^ 圖 10.5　momo 購物網的包裝袋回收利用
圖源：YouTube https://www.youtube.com/watch?v＝4CHylPgBTMs

 案例 5：IKEA 的雙軸轉型

IKEA 設計家具並製造，並透過自家的賣場做銷售，是製造零售業做雙軸轉型的典範企業。

IKEA 定下目標：2030 年減少價值鏈 15% 的絕對碳排放。2020 年，IKEA 完成超過 9,500 件商品的「可循環力」分析，歸納出三大設計原則：

1. 追求標準化和可變通性的設計，如模組化的設計讓零組件可重複使用，可輕易拆卸重組將有利於翻新和回收，零件標準化方便維修，而且即使產品已無法修復，其可用的零件仍能修復或再製成其他商品，延續部分生命。

2. 透過原料的選擇和組合方式強化產品的壽命和可回收性。

---

[10]　資料來源：TVBS 報導 https://www.youtube.com/watch?v=4CHylPgBTMs

3. 設計的結構和原料越簡單，達成的循環可能性越高。而針對原料，IKEA 承諾 2030 年只採用可再生和再生原料。原料是 IKEA 最大的碳排來源，佔 45% 的碳足跡，其中以木材的用量最大，逼近 7 成。[11]

IKEA 也發展線上購物，其營收達成超過總營收的 30%，而因此將零售商店轉變為對應的履行中心[12]。並提供智慧型手機的 App，提供 AR 的虛擬家具擺設，以及應用了最新的 AI 科技，將所處空間經 3D 掃描後，轉換成 3D 模式，讓顧客即可盡情搭配家具擺設，解決了將家具送到家中再擺放卻不如預期而退貨的狀況，這個做法也提升了購物體驗。並且大大地提高效率，達成節能減碳。[13]

∧ 圖 10.6　IKEA App 應用 AI 的 3D 模式

圖源：YouTube https://www.youtube.com/watch?v=d4NN--CAi7o&t=73s

---

[11]　資料來源：CSR@天下
　　　https://csr.cw.com.tw/article/42040

[12]　資料來源：iKnow 科技產業資訊室
　　　https://iknow.stpi.narl.org.tw/Post/Read.aspx?PostID=17919

[13]　資料來源：哈佛商業評論
　　　https://www.hbrtaiwan.com/article/20511/inside-ikeas-digital-transformation

10.2.2 零售商品包裝回收

商品售出後其包裝回收後可以再利用，以前都是由回收單位以人力回收，但因為回收價越來越低，使用資源自動回收機可降低人力成本，回收料重製又符合減碳需求，又可透過大量地佈點，讓大眾方便回收，加上透過集點獎勵機制，提高了大眾主動將可回收包裝前往回收機投入回收的意願，[14] 這裡我們用「宜可可循環經濟」為例說明。

而台灣一年有 2.1 億件的網購包裝垃圾累積起來等於每天蓋出 5 棟 101 大樓的現實，而網購的包裝如果回收之後再透過清潔後再利用，將能夠減少因為包裝生產產生的碳排放及浪費，而包裝使用多次後再收回重製，也減少了很多碳排放量，這裡我們以「配客嘉協助電商回收」來說明。

 案例 6：宜可可循環經濟的資源自動回收機系統

宜可可循環經濟（英文名 ECOCO）是成立於民國 96 年的凡立橙股份有限公司的資源回收服務品牌，其提供資源自動回收機服務。

至 2024 年 1 月止，為了收集回收材料，ECOCO 提供了以下 3 種資源自動回收機單機：「智慧回收機－收瓶機」、「智慧回收機－威弟收瓶機」，以及「智慧回收機－電池機」；另有整合方案「智慧回收機－收瓶機」、「智慧回收機－威弟收瓶機」、「智慧回收機－整合機」、「城市大型智慧回收站」，以及「ECOCO 循環方舟」等，回收項目依機型不同包含寶特瓶、手搖罐、鋁罐、高密度聚乙烯製的牛奶瓶、圓形 1 號至 6 號與方形 9V 的廢乾電池等等。回收時機器會以人工智慧影像辨識來確認回收物是否符合回收要求。而其中「城市大型智慧回收站」與「ECOCO 循環方舟」其回收系統快滿了會通知公司回收。

截至 2024 年 1 月，ECOCO 已提供超過 80 個站點的回收服務。其回收獎勵機制為回收 5 個可回收物，獲得價值 1 元的 ECOCO 積點。ECOCO 積點可

---

[14] 資料來源：電子時報

用於 40 多個品牌的折扣，包含小北百貨、全家、小林眼鏡……等等。ECOCO 積點存在雲端的資料庫中，可利用智慧型手機上的 ECOCO App 操作。

在民國 110 年到 111 年，ECOCO 分別與當時的行政院環保署、高雄市政府環保局、新竹市環保局，以及台東市政府環保局等單位合作回收圓形 1～6 號與方形 9V 廢電池，讓參與回收者可同時獲得環保行動點數及 ECOCO 點數。在民國 113 年跟新北市政府環保局合作，以新北市首座「ECOCO 循環方舟」搭配為期 3 週的「投瓶超 Chill 週週抽」活動。[15]

∧ 圖 10.7　ECOCO 的城市大型智慧回收島

圖源：ECOCO 官網

案例 7：配客嘉協助電商回收

配客嘉的創辦人葉德偉在之前的創業中發現台灣網購包裝太過浪費，而這也造成環保上極大的負擔，所以創辦了配客嘉，以提供包裝回收後再重複利用的服務。

配客嘉的循環包裝設計其材質為可重複循環 30 次以上網購包裝，而每次循環則可達成循環減碳 1.2kg。而配客嘉現有超過 4,500 家的回收通路，包含 7-11、全家便利商店……等等。回收後將其清潔，而其清潔的工作，則交由庇護工廠，創造共好社會價值。

---

[15]　資料來源：電子時報

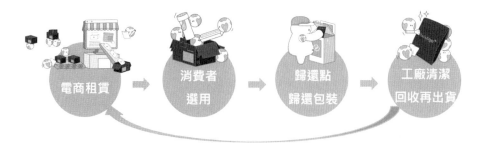

∧ 圖 10.8　配客嘉針對電商回收再利用的流程
圖源：配客嘉提供

配客嘉現在使用 AI 應用在物流分析，達成物流回收成本降低 23%，回收量
提升 17%，減碳提高 13%。[16]

10.3 結論

零售業有很多銷售數據與企業管理數據，利用人工智慧協助達成永續是很好
的作法。利用銷售數據達成預測銷售，減少浪費，更可以用人工智慧協助強
化回收效率與效果。

---

[16]　資料來源：配客嘉提供

運輸與通信服務業

—— 裴有恆

11.1 介紹

運輸業運的是人跟物，電信服務業傳輸的是訊息。在台灣，這兩個行業都歸交通部管理。運輸業有空運、海運與陸運。根據環境部氣候變遷署的網頁資料顯示，「我國運輸部門 2020 年溫室氣體排放量約為 37.274 百萬公噸二氧化碳當量（MtCO2e），占總體排放量約 13.07%，排放量主要來自公路運輸（如：汽機車用油）。」[1] 而因為內燃機的運作效率不如電動車，加上電動車未來使用綠電比率應會逐年增高。因此，針對公路運輸做智慧化路徑規劃，以及使用電動車是達成減碳的好方法。

運輸與通信服務為很重要的基礎建設，就對應的聯合國的 17 個永續發展目標（SDGs）中，以下是相關的一些永續發展目標：

---

[1]   資料來源：環境部氣候變遷署 氣候公民對話平台 網頁
       https://www.climatetalks.tw/%E9%81%8B%E8%BC%B8%E9%83%A8%E9%96%80

- **目標 9 工業化、創新及基礎設施**：透過智慧化提高其技術水平，強化相關基礎建設，可促進包容且持久的工業化。

- **目標 11 永續城鄉**：透過強化運輸與通信服務基礎建設，確保城市和人類居住的永續發展，且強調可達到的能源使用、交通和基礎建設。

- **目標 13 氣候行動**：強化交通和運輸對於碳排放的管理，並且提高抗災能力和適應能力，來應對氣候變化的相關問題。

- **目標 17 夥伴關係**：加強全球夥伴關係，以實現永續發展目標，包括支持開發中國家的基礎建設和科技能力建設。

11.2 應用案例

所以各節規劃分為運輸業與通信服務業兩個行業為思考，如下圖。

∧ 圖 11.1　運輸業與通信服務業的雙軸轉型應用例類別

圖源：裴有恆製

11.2.1　運輸業的永續與雙軸轉型

運輸業做數位轉型可以提高效率達成節能，進一步減碳。以鹿特丹港為例，位在荷蘭的鹿特丹港是世界最大的港口之一。為了尋求 2050 年將環境足跡減少 95%。鹿特丹港藉由 AIoT 系統及邊緣計算技術建立模型，優化航線規

劃，達成提高燃油效率，以減少碳排放並改善空氣質量。該港口計畫在 2030 年讓碳排放量減少 50%。

另外還可以利用數位工具追蹤排碳績效，例如 DHL 公司發展的 GoGreen Carbon Dashboard，讓委託企業追蹤與分析物流夥伴及運輸車隊碳排績效，並提供雲端工具計算與選擇最佳運輸方式、貨物尺寸等碳排計算，以協助企業追求產品生命週期整體碳排達成減量，並依此敦促物流夥伴降低碳排放量[2]。

接下來以中華航空、台灣高鐵，以及新竹物流來看台灣永續轉型在空運、陸運，以及物流方面的永續轉型案例。

案例 1：中華航空公司的永續轉型

中華航空公司（以下簡稱華航）與微軟合作，積極推動數位轉型，導入微軟 Azure 雲端平台的 AI 的智慧客服機器人，達成票務處理的智慧化與數位化，以提升顧客體驗與員工生產力，提供航班資訊查詢、票價查詢、常見問題、預選座位和選特別餐等票務操作。[3]

而華航在 2022 年成為台灣唯一且連續七年入選道瓊永續指數的運輸業者，且名列全球航空產業第一名；2023 年再度創下台灣首例的「永續航空燃油（Sustainable Aviation Fuel，簡稱 SAF）」載客飛行，於新加坡-台北永續示範航班中添加 SAF。確保 SAF 生命週期從原料獲取、生產製造、運輸，以及使用等階段不會對環境與社會層面造成負面的影響，並且因為 SAF 平均可較傳統燃油減少 8%以上的碳排放，可確保降低溫室氣體排放。而 SAF 原料取得並不影響糧食供應，又可減少水、土地、空氣及廢棄物等汙染，且避免土地利用改變及原始森林破壞等[4]。

[2]　資料來源：就享知網頁
　　　https://www.digiknow.com.tw/knowledge/622973d038ff8
[3]　資料來源：微軟網頁
　　　https://news.microsoft.com/zh-tw/chianairline-aiservice/
[4]　資料來源：經濟日報
　　　https://money.udn.com/money/story/122331/7558306l

^ 圖 11.2　華航台灣首例的「永續航空燃油」載客飛行的 TVBS 新聞
圖源：YouTube https://www.youtube.com/watch?v=0ebA8cCeDOU

 ## 案例 2：台灣高鐵以六大策略結合數位轉型實施永續願景

長期關注永續經濟趨勢的國際調查研究機構——「企業騎士」（Corporate Knights），2024 年 1 月在瑞士達沃斯（Davos）舉辦的「世界經濟論壇」上，公布 2024「全球百大永續企業排行榜」，全球共評選 6,733 家企業，台灣高鐵公司（簡稱台灣高鐵）不僅二度獲選入榜，排名更從 2023 年全球第九名一舉躍升為 2024 年全球排名第四名的永續企業，並在低碳、環保、永續等各項評比指標上持續獲得肯定，不僅再次獲得佳績，更蟬聯今年入選亞洲企業中名次表現最好的企業[5]。而台灣高鐵連續多年取得證交所「公司治理評鑑」前 5% 企業，顯示其公司治理成績。

在 2022 年，台灣高鐵宣布，其 2023～2027 年長期策略規劃將 ESG 融入經營策略，持續深化公司治理，積極推動永續觀念至各項業務，朝向「成為引領進步、創造美好的生活平台」的企業願景，並且以六大策略實踐 ESG 願景，包括：

---

[5]　資料來源：台灣高鐵網頁
　　https://www.thsrc.com.tw/ArticleContent/39ad667c-2fb1-41d3-b909-1512a0809839

1. 因應環境變化，減低災害風險。

2. 加速數位優化，邁向數位轉型。

3. 因應人口與科技變遷，精進服務與經營管理。

4. 面對疫後環境，創造需求提升營收。

5. 強化供應商管理，建立夥伴關係。

6. 落實節能減碳，善盡社會責任。

針對節能／儲能方面，台灣高鐵在各高鐵車站執行電扶梯運轉時間精進措施，主線與場站持續追蹤實際用電情況，評估最適契約容量。另將傳統電梯換裝為綠色電梯、新增或擴建場站設施則納入綠建築設計，或選用節電較佳設備、其辦公大樓安裝玻璃帷幕隔熱紙，並持續進行變電站儲能評估規劃。

在攜手供應鏈夥伴方面，台灣高鐵也優先購買對環境衝擊較小的產品，例如具環保標章、綠色標章、碳足跡標籤、及減碳標籤產品與服務；在開發新進廠商時，透過供應商規範要求廠商恪遵相關環境法規。

此外，因應高齡化社會挑戰，台灣高鐵以通用設計理念通盤檢討車站與列車旅客動線及服務設施設計、優化售票服務及旅客資訊顯示介面等，持續優化旅運服務軟硬體，為旅客打造「安心乘車」友善環境。

在車站及列車設備方面，台灣高鐵已完成各車站蹲式廁所加裝扶手，以及坐式廁所更換免治馬桶座蓋、月台列車資訊顯示看板優化等措施。[6]

在台灣高鐵的高鐵車票上，可以看到碳足跡相關資訊，協助客戶能夠了解自己搭乘高鐵的減碳效用。

在數位轉型方面，台灣高鐵在 2020 年底推出了數位客服，結合數據分析、自然語音及文字處理、機器學習等 AI 技術，也將人工客服的服務時間，從早上 6 點到晚上 12 點，擴大為全天候、全年無休的客服系統。特別是數位

---

[6] 資料來源：工商時報網頁
https://readers.ctee.com.tw/cm/20221206/a13aa13/1217283/

客服能理解時下年輕人用語，提供乘車問題諮詢，還有個人化服務，像是旅客物品報失，及引導旅客報失登記……等等。一旦高鐵找到遺失物，透過自動比對報失資料，通知旅客前往領取。當 AI 客服無法理解旅客問題時，就會由真人客服接手，AI 客服會針對需求擴大數位應答服務領域及範圍，同時也能整合不同訂位通路，根據資料分析來進行分群行銷。[7]

2022 年為優化非接觸式服務，並追求更高的運輸效率，台灣高鐵決定採用 IBM 混合雲平台解決方案，打造「新世代訂位票務服務系統」，將旅客訂票及查詢的需求分流，建立「全年無休」的離線查詢系統，讓空位查詢所需時間即使在訂位最尖峰的時段也可減少 90%，旅客平均訂位時間減少 25%。[8]

∧ 圖 11.3　台灣高鐵車票上的碳足跡訊息顯示
圖源：YouTube https://www.youtube.com/watch?v=0ebA8cCeDOU

案例 3：新竹物流的雙軸轉型

新竹物流於 1938 年成立，其持續研究如何讓物流更有效率，因此投入資訊科技，包含現在的物聯網以及人工智慧。

20 多年前開始，新竹物流就開始跟工研院合作，導入多項技術。如導入小物自動分貨機後，機器會判斷貨件條碼自動分類成 60 個點，較人力分揀速度快，正確率又高。還有在輸送帶上導入「材積自動辨識系統」，箱子通過時，

---

[7]　資料來源：IT Home 網頁
　　https://www.ithome.com.tw/people/143064

[8]　資料來源：TechNews
　　https://technews.tw/2022/06/20/taiwans-high-speed-rail-uses-ibms-hybrid-cloud-architecture/

以雷射光反射的時間差判斷尺寸，精準度可控制在正負 3 公分內，同時拍下照片，留存證據減少爭議。引進了 RFID 技術，可感應附近 30 到 50 公尺範圍，工作人員只要站在中央處，手拿終端機，轉一個圈圈就差不多全都盤點完畢，達成每天可以盤點 2 次，速度比以前快了 50 倍。而針對貨車有「SD 自動導航系統」，用自動導航 APP，系統會自動排單、導航，是新手司機的好幫手。

2019 年新竹物流與工研院協力打造全臺首座導入 AI 人工智慧決策的物流中心，不單有人工智慧，而是整合電商平台的訂單系統、新竹物流的倉庫系統，跟現場所有進出貨作業流程，打造出完整的 AI 電商自動化。此系統可依商品熱銷程度算出最佳儲位，設計最優的揀貨排程，透過高速穿梭車來回行駛，把儲物籃搬到揀貨人員面前。此以物就人的方式大幅提高倉儲效能，不僅商品出庫時間減少 60%，在雙 11 的訂單高峰期，產能可達原來的 10 倍。[9] 這樣節省了很多電力，達成節能減碳。而新竹物流與工研院的合作，更做到以人工智慧規劃車行路線：根據當時的交通狀況，環境與路徑數據，以人工智慧規劃，達成最佳行駛路徑。汽車的行駛因為優化行駛路徑而降低能源損耗，減少二氧化碳的排放[10]。

另外，在 2023 年，新竹物流攜手新北市政府，在八里區斥資十九億元建置「國際物流暨北區轉運中心」，規劃興建地上三層樓，全棟導入智慧型輸送設備，採自動化貨物分揀系統。此物流轉運中心將結合自動化、智慧、節能及淨零碳排放等，規劃冷鏈物流、醫藥物流、跨境電商及北區轉運中心，建構完整供應鏈物流[11]。

11 運輸與通信服務業

9　資料來源：工業技術與資訊月刊
　https://www.itri.org.tw/ListStyle.aspx?DisplayStyle=18_content&SiteID=1&MmmID=103645202
　6061075714&MGID=1072356716441215703

10　資料來源：「工研院＆新竹物流導入智慧物流之成果分享」簡報

11　資料來源：Yahoo 新聞
　https://tw.news.yahoo.com/%E6%96%B0%E7%AB%B9%E7%89%A9%E6%B5%81%E6%96%
　A5%E8%B3%8719%E5%84%84%E5%BB%BA%E7%BD%AE%E8%B6%85%E9%81%8E6%E
　5%8D%83%E5%9D%AA%E6%99%BA%E6%85%A7%E8%BD%89%E9%81%8B%E6%A8%9E
　%E7%B4%90%E8%90%BD%E5%AF%A6esg-050204327.html

231

△ 圖 11.4　新竹物流的「國際物流暨北區轉運中心」新聞

圖源：YouTube https://www.youtube.com/watch?v＝29-wxVKpwVM

11.2.2　通信服務業的永續與雙軸轉型

台灣的通信服務業以電信三雄為代表，而三雄在使用 AIoT 結合 5G 做數位轉型都不遺餘力，而針對永續轉型，中華電信以三大面向推動減碳方面的永續、台灣大哥大以「心大願景計畫」為主軸推動，而遠傳以 5G「大人物」為核心達成社會創新與低碳楷模，以下一一說明：

 案例 4：中華電信推動永續的作為

中華電信董事長郭水義在 2023 年 10 月表示，中華電信將以三大面向推動 ESG，以下說明：

1. 採購綠電等再生能源的短約、長約等購電計畫。

2. 購買電動車以全面汰換逾 5,000 輛工程車及公務車。

3. 透過加入 Innovative Optical and Wireless Network（簡稱 IOWN）組織建構全光化傳輸網路等作為以落實淨零目標。

中華電信在 2022 年度已使用再生能源 2,404.9 萬度，並進行了採購 6,200 萬度再生能源薑購合約，在板橋 IDC 機房設有太陽能發電裝置，並有向國家再生能源憑證中心申請取得再生能源憑證，在 2022 年總計取得 90 張，相當於

90,000 度[12]。並且在 2023 年 5 月加入 RE100 倡議[13]，7 月通過 SBTi 科學基礎減碳目標 1.5°C 的審查[14]。

中華電信透過跟谷林運算及 AWS 的合作，利用 AIoT 協助中小企業減碳。

中華電信亦入榜《富比士》「2022 全球女性友善公司」排名，成為台灣受評企業第一名。[15]

∧ 圖 11.5　中華電信決定自建能源企業供電，取得再生能源

圖源：YouTube https://www.youtube.com/watch?v=5TuEEtEALFs

 ### 案例 5：台灣大哥大用心大願景計畫做永續

2017 年底台灣大哥大以「2030 心大願景計畫」作為 2020～2030 的願景計畫主題。在 2022 年延長心大願景計畫至 2035 年，更名為「2035 心大願景計畫 2.0」，並設定各項專案的 2035 年度目標。期望台灣大在 2035 年成為萬物萬事的連結核心，在連結人、物與時空外，更要將心與心相連，並以此回應聯合國 SDGs，創造永續價值。以提供利害關係人五大面向的願景，涵蓋

12　資料來源：中華電信 ESG 網頁 能源管理系統部分
　　https://www.cht.com.tw/zh-tw/home/cht/esg/environmental-sustainability/energy-management

13　資料來源：中華電信 https://www.cht.com.tw/zh-tw/home/cht/messages/2023/0525-1830

14　資料來源：中華電信 https://www.cht.com.tw/zh-tw/home/cht/messages/2023/0727-1900

15　資料來源：工商時報 https://www.ctee.com.tw/news/20231016700068-439901

以「責任企業」為出發，帶領供應商「攜手創新」兩大基礎面向，達成「體驗未來」、「創利社會」、「自然共好」三大未來成就。[16]

而在 2023 遠見 ESG 企業永續獎的得主中，台灣大哥大再度獲頒最高榮耀「年度榮譽榜」，是電信業唯一企業獲此殊榮，並獲得跨產業評比的「人才發展組」首獎、「教育推廣組」楷模獎等兩大傑出方案，同時也連續九年入選證交所公司治理評鑑前 5%。

台灣大哥大透過創新的教育訓練體系、以員工為本的福利政策，給予員工多面向發展的能量。同時透過優秀員工發揮「軟硬兼具」的科技實力。另外定期舉辦「創新提案競賽」、「OP 黑客節」與「創新學習日」，為員工植入創新 DNA，鼓勵員工跨組織協作，讓創意點子發光。[17]而這裡面，AIoT 有很大的運作空間。

∧ 圖 11.6　台灣大哥大獲得 2023 遠見 ESG 企業永續獎
圖源：YouTube https://www.youtube.com/watch?v=vr8F0-QtFc4 s

16　資料來源：台灣大哥大網站
　　https://corp.taiwanmobile.com/esg/ESGProjects.html
17　資料來源：經濟日報
　　https://money.udn.com/money/story/5612/7140588

案例 6：遠傳電信以 5G 大人物推動雙軸轉型

遠傳在 2023 年獲得遠見 ESG 企業永續獎，再度蟬聯「電信暨資通訊業綜合績效楷模獎」，創下第六度獲獎紀錄；而遠傳以 5G「大人物」（大數據、人工智慧、物聯網）核心技術所推動的「5G 遠距醫療」及「低碳通訊網路」，分別獲得「社會創新首獎」以及「低碳營運楷模獎」。[18]

其中的「社會創新首獎」，遠傳是以一套全台首創的遠距診療平台，此平台由遠傳自主開發，兼具醫療臨床流程整合式雲端 SaaS 服務，以支援醫療物聯網，並採用國際電子病歷交換標準「HL7-FHIR」[19]，突破以往醫界最困難的跨體系、跨機構的服務串聯，目前實績擴展至全台 12 縣市、35 鄉鎮的偏鄉衛生所。隨著遠距診療法規的鬆綁，接下來會再逐步推動慢性病人、長照及身障人士的遠距醫療服務，利用 5G 技術打破醫療的時空限制，讓民眾與醫療照護達成沒有距離的願景。

而另外的「低碳營運楷模獎」，遠傳利用 AI 大數據分析進行基地台選址，精準佈建和優化 5G 網路；以混類及休眠技術減少基地台用電量；以 AI 技術蒐集運轉參數並引進冷空氣取代冷氣，減少 11,700 萬度用電，約 5.8 萬公噸二氧化碳排放量；同時透過 ISO 20400 永續採購指南推動永續供應鏈，也以高標準回收達 98% 的電子材料，實踐低碳循環通訊網路。

此外，遠傳推動 ESG 的成效連年獲得國際永續評比機構肯定，連續四年入選 DJSI 世界指數成分股，為全台唯一連續三年獲 CDP 供應商氣候變遷議合管理績效前 8%「領導級」的電信業者，也是台灣第一家通過 SBTi 1.5°C 科學減量目標審查的電信業者。[20]

---

[18] 資料來源：遠傳網站
https://www.fetnet.net/content/cbu/tw/lifecircle/Charity/2023/05/fet_GVMesg.html

[19] 快速醫療互通資源（FHIR）是一種用於電子交換醫療保健訊息的標準。其被設計成靈活和適應性強，因此可以在各種不同的醫療保健訊息系統和環境中使用。詳見 https://www.hl7.org/fhir/

[20] 資料來源：遠傳網站
https://www.fetnet.net/content/cbu/tw/lifecircle/Charity/2023/05/fet_GVMesg.html

∧ 圖 11.7　遠傳用「5G、大人物」落實減碳

圖源：YouTube https://www.youtube.com/watch?v＝eeUN2zWLO3E

11.3　結論

運輸與通信服務業做的是一個國家的基礎建設，使用 AIoT 強化效率就可以達成減碳，以及對員工及客戶友善的永續目標，就如同上面的案例可知 AIoT 能發揮很大的價值。

未來展望

—— 裴有恆

12.1 介紹

永續與雙軸轉型都可藉著 AI 結合 IoT 的技術，而正如之前第二部分所提到的，針對可能的未來，日本的社會 5.0 做了很好的規劃，在移動出行、醫療保健、製造、農業、食品、防災，以及 能源等方面展開，將來自物理空間感測器的大量資訊在網路空間中的人、物、系統連結起來。這些大數據透過人工智慧（AI）進行分析，並將分析的最優結果以各種形式回饋給物理空間中的人類。這也代表我們人類生活環境的不斷進化，會透過人工智慧逐漸進入到生活的各個層面。

12.2 應用案例

人類的生活環境－城鄉在針對 ESG 各個層面的狀況，透過各類感測器收集資訊，加上 ERP 及其他軟體系統的數據整合後，結合人工智慧建立的模型做好預測，透過人機協作，將會創造很好的結果，加上生成式人工智慧與元宇宙的應用，讓人類可以在自然語言與 AI 協作助手上，有很大的進展。以此為思考，各節規劃如圖 12.1：

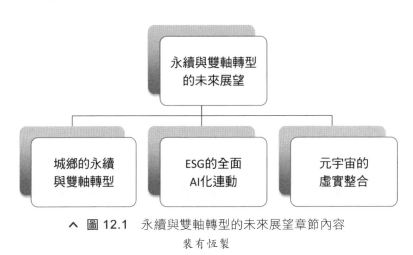

▲ 圖 12.1　永續與雙軸轉型的未來展望章節內容

裝有恆製

12.2.1　城鄉的永續與雙軸轉型

城鄉的永續與雙軸轉型包含醫療保健、防災、移動出行以及 能源等方面。醫療保健之前已經談過，這節針對防災、移動出行、能源以及城鄉重要的基礎－建築來做探討。

1. 防災

   日本內閣府在「社會 5.0 網站」中提到，在「社會 5.0 中，可以透過以下方式產生新的價值：

   - 透過人工智慧分析由多種資訊組成的大數據，例如衛星、地面氣象雷達或無人機對受災地區的觀測，基於結構的損壞資訊感測器以及來自汽車的道路損壞資訊。

- 根據災害情況，透過個人智慧型手機等設備向每個人提供避難和救援訊息，並將人們安全轉移到避難所；
- 透過協助套組、救援機器人等立即發現受害者，並迅速將他們從受災建築物中救出；
- 透過無人機、自動駕駛運輸車等進行救援物資的最佳運送。

對於整個社會來說，這些解決方案可以幫助減少損害並實現早期恢復。」

台灣在防災作為目前令大家印象深刻的，就是地震速報的簡訊，從之前地震發生後才通知，現在已經進步到常常在地震發生前幾秒就收到訊息了。

2. **移動出行**

   自動駕駛與交通基礎設施的聯網化和智慧化很重要，而台灣的自動駕駛，其實已經實驗很多年了，本節將以台灣在自駕領域深耕的勤崴國際為例來說明。

3. **能源**

   針對城鄉中使用綠電的分散式電力的利用最佳化，這裡以慧景科技的智慧電網管理系統來說明，而這些技術都在發展中，未來前景看好。

4. **城鄉建築**

   城鄉建築的智慧與綠化是很重要的發展基礎，這需要做到「智慧綠建築」。為了達成「智慧綠建築」，在考慮機電規劃時，也必須考慮維護管理、高節能效率、再生能源應用與智慧控制為考量，而在《AIoT 人工智慧在物聯網的應用與商機》一書中提到的工研院的「人工智慧建築節能系統平台」就是以整合台灣常用設備與建材，快速完成設定建築能源模型，而此系統讓華南銀行 189 間分行平均節電 5%～15%[1]。而建築如何更進一步往永續轉型發展，這裡以台灣科技大學的綠佳佳創業團隊以室外藻類模組綠牆以及室內綠藻淨氣機結合 AI 為例說明。

---

[1]　資料來源：《AIoT 人工智慧在物聯網的應用與商機》一書

案例 1：勤崴國際以 AI 自動駕駛車達成降低職災與提升客戶體驗

談到台灣至今有最多自動駕駛（以下簡稱自駕）實證案場且自駕車累計載客量超過 11 萬人次的，就是勤崴國際。勤崴國際 1998 年成立，是台灣最大的圖資廠商，在手機導航市佔達 70%，也是台灣最大的車聯網服務提供商。勤崴國際擁有自動駕駛核心技術，達成全台第一個自駕車商用落地，第一個自駕車啟動 V2V 接駁服務。

勤崴國際具備高精度圖資達公分級精度，誤差範圍在 2D 地圖可做到 20 公分，3D 地圖則可做到 30 公分。能精確標註自駕系統所需路面資訊，包括坡度、邊界、車道線、號誌等。此系統整合了多元感測器（包含光達、雷達、攝影機...）及前述的高精度地圖，同時解決 GPS 資訊受干擾或汙染問題。加上 AI 物件偵測及預測能力分析並預測所偵測到物件移動軌跡，讓自駕於複雜環境行駛安全及決策迅速。而其開發的系統，讓自駕車能在轉彎或顛簸路面，能夠快速且準確地修正偏離以保持於車道中。

勤崴國際在自駕上的實證紀錄，包括：

1. 在 2022 年於台灣設計展期間，以與高雄港都客運共同營運之自駕車，提供民眾體驗短程自駕接駁。

2. 在彰化彰濱工業區以自駕車串聯四座觀光工廠，結合旅遊與觀光業者。

3. 在桃園 虎頭山創新園區導入自駕掃街車服務，以提升清潔效率，同時降低第一線人員的職災風險。

4. 在淡海新市鎮，擔任最後一哩接駁，並整合場域中 C-V2X 的連線數據跟公車站牌等周圍設備通訊。

5. 在台南 台積電南科廠區提供廠區內載人與載貨的自駕接駁服務。每日載人接駁時間 9:00～17:00，利用「班表查詢系統」、「智慧站牌設置」、「遠端監控平台」，完整預約接駁服務體驗，解決員工大量廠內移動需求。

由這些實證紀錄可以得知自駕車除了減碳外，還可以達成降低職災風險，解決員工移動、提升乘坐體驗等社會需求。[2]

∧ 圖 12.2　勤崴國際在台積電園區協助員工廠內移動需求
圖源：YouTube https://www.youtube.com/watch?v=GrvaZQY87Og

勤崴國際副總接受訪談的影片，可以透過 YouTube 搜尋「數智創新力」找到。

 ## 案例 2：慧景科技的智慧電網管理系統

慧景科技 2017 年創立，同年推出的 SaaS 產品 PHOTON 智能太陽能維運監控系統，目前已是台灣市佔率最高的監控平台，並銷售海外多個國家，海內外管理超過 2000 座案場。其將人工智慧應用在光電領域，增進管理效率與自動化是全球科技趨勢。

因為再生能源小而分散在全台電網末端，有太陽能發電、風電發電……等等，以及用戶的需量反應等資訊需要聚合與管理，台電在 2019 年啟動了「DREAMS」（導入配電級再生能源管理系統）計畫，慧景科技協助完成了 DREAMS 的軟體平台，以因應再生能源併網後對電網的電壓與頻率產生的影響，並有效監測和管理全台灣併在台電電網上的再生能源，最後利用 AIoT 系統將這些數據聚合起來管理。

---

[2]　資料來源：勤崴國際提供

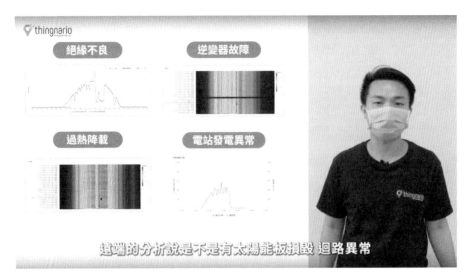

∧ **圖 12.3** 慧景科技的 AI 遠端分析綠能系統功能

圖源：YouTube https://www.youtube.com/watch?v＝GrvaZQY87Og

案例 3：綠佳佳創業團隊的智慧綠建築仿生設計

台科大綠佳佳創業團隊以綠建築整合綠藻產品出發，發展室外藻類模組綠牆以及室內綠藻淨氣機，初步實現生質能源研究與永續減碳設計。

其室外綠藻綠牆特色是結合光感測器的追光綠藻養殖外立面模組，比較起德國已面世的客製化結合式住宅，增加了可追著太陽角度旋轉的光感測器，並在設計、開模、配管、配電、製造上，達成一條龍式管理。綠佳佳目前產品研發均使用 AIoT 優化綠藻養殖技術控制參數，在 APP 後台協助建立雲端數據監控後台以回收數據，小至優化居家室內空氣，大至協助碳盤查及 ESG 報告等企業減碳。[3] 這類的技術，可說是現在廣為推廣的智慧綠建築的進一步發展。

---

[3]　資料來源：Microsoft Start
https://www.msn.com/zh-tw/news/national/%E8%BF%BD%E6%97%A5%E7%9A%84%E7%B6%A0%E8%97%BB%E7%89%86-%E5%8F%B0%E7%A7%91%E5%A4%A7%E5%9C%98%E9%9A%8A%E7%94%A8%E7%B6%A0%E8%97%BB%E5%89%B5%E6%A5%AD/ar-BB1hPvkv

12.2.2 ESG 的全面 AI 化連動

一如本書第二部分的之前幾個章節所言，ESG 在很多方面都可以靠 AI 協助，結合 ERP 等公司內系統，以及佈建如智慧電表等各種感測器後，很多數據都可以在雲端匯總，最後透過 AI 分析數據，產生模型，除了大大地強化工作效率外，接下來連永續報告書，就可以透過系統內匯總好的資料直接整合產生。

而如 ChatGPT 等生成式人工智慧軟體工具，還可以跟人對話，產生更多選擇，產生文檔、圖表，以及程式碼。利用這樣的生成式人工智慧幫助工作，已經是不得不的選擇。接下來我們以新創如如研創的雲端永續報告書系統來舉例說明。

 案例 4：如如研創的雲端永續報告書平台

如如研創成立於民國 105 年的 10 月，主攻 No code 軟體機器人平臺的研發廠商，其利用軟體機器人平台，以及為企業提供客製化的 web 應用系統的開發。永續報告書平台在規劃之初，就是針對企業客戶跟顧問在雲端平臺上面來做協同合作，因為 ESG 報告書它裡面包含了各個部門：財務、人資、研發、業務行銷，以及生產……等等。資料來源非常的廣泛，透過此雲端的平臺可以讓大家同時或者是說非同時在此平臺上面做協同撰寫的動作。

此系統針對 GRI、SASB，以及 TCFD 提供了永續報告書標準範本，提供它底稿可以設定自己的設定樣式、讓美工人員自己去替換。因為 GRI、SASB的資料輸入很龐大，現在雖然使用人手輸入，但是為了讓使用者可以很快查詢，如如研創正在開發使用生成式人工智慧即時回應的資料庫系統，讓使用者之後可以更好使用。

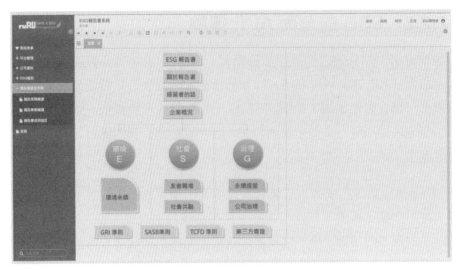

∧ **圖 12.4** 如如研創的 ESG 報告系統

圖源：如如研創提供

12.2.3 元宇宙的虛實整合

在 COVID-19 疫情期間，元宇宙成為熱門的主題，疫情過後，因為典型的擴增實境（Augumented Reality，簡稱 AR）隨身設備如 Meta Quest 系列、Microsoft Hololens 系列及 Apple Vision Pro 因為昂貴而造成不能普及，但是台灣的佐臻股份有限公司（以下簡稱佐臻）以其設備合理的價格深入很多專業應用，底下以其為例子說明。

產業元宇宙上的應用現在協助了很多企業達成虛擬會議及遠端協作，這讓相關商務旅行可以大大減少，達成環境層面的節能減碳效用；而在社會層面，可協助強化對利害關係人的教育。而在其中人工智慧對相關數據的分析及內容的生成，有很大的加成效用。

 案例 5：佐臻的 AR 眼鏡協助專業元宇宙智慧城市應用

元宇宙的熱潮及人工智慧的蓬勃發展，無論是技術，內容，商業模式、城市治理等都是圍繞著以人為核心和環境永續的思維。智慧城市的規劃與發展，最重要的目的是人，物與空間環境的互聯互通。電腦運算平台從大型電腦、迷你電腦、桌上型電腦、筆記型電腦發展到目前的智慧手機，人們取得資訊

均受限在 2D 的平面顯示器。近年來可視化 3D、感測及空間運算能力的 AR 智慧眼鏡穿戴式裝置，很有可能取代現在的智慧型手機，成為下一世代關鍵的互動裝置。加上新的人機交互介面，透過人工智慧影像辨識能力協助，達成行為感知與辨識的能力，讓人可以自由穿梭在虛擬與現實世界，提供沉浸與直觀互動的新體驗。

佐臻在 2022 年推出亞洲第一款具備眼球追蹤的 AR/MR[4] 智慧眼鏡 J7EF Gaze，其提供全新的視覺和自然且舒適的使用者沉浸式互動體驗，並連續三年獲得 Taipei Computex Golden Award。其高度整合硬體、軟體，空間感知感測，並且和各種不同的裝置作業系統兼容，提供具備互動性、創造性和實用性的智慧城市多元化場域，即時可視化智慧管控平台，現在可應用在智慧交通、智慧消防、救災、製造、醫療照護、零售物流、教育、文化藝術展演……等等智慧城市多個領域，其透過超小型顯示器，搭配光學引擎，可以實現人類在空間的資訊／文字、圖形、影片及全息 3D 影像直接交互的模式。

臺北市政府、財團法人臺北市會展產業發展基金會，與佐臻 XR MetaSpace 平台，共同在花博園區建置了「Empower Block 賦能台北基地」，以 XR[5] 數位科技「賦能」與「創新」，相關應用與功能請參考圖 12.5。[6]

---

[4] 混合實境（英語：Mixed Reality，簡稱 MR）指的是結合真實和虛擬世界創造了新的環境和視覺化，物理實體和數字對象共存並能即時相互作用，以用來類比真實物體。混合了現實、擴增實境、增強虛擬和虛擬實境技術。混合實境是一種虛擬實境加擴增實境的合成品。資料來源：wikipedia

[5] 延展實境（Extended reality）簡稱 XR，是指結合了實境及虛擬的環境以及人機互動設備，是用電腦技術以及可穿戴型設備所計算，其中的 X 是表示變數，可以是現在或是未來的空間計算技術。其中可能包括了擴增實境、混合實境及虛擬實境以及在這些之類的區域。目的是將真實世界轉換到「數字映射世界」中，並且可以與其互動。其虛擬的程度可能從部分的感測器輸入到沈浸式虛擬，都算是虛擬實境。資料來源：Wikipedia

[6] 資料來源：佐臻股份有限公司

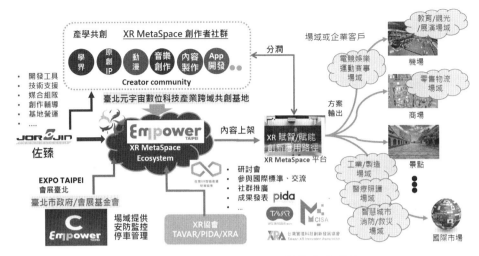

∧ 圖 12.5　Empower Block 賦能台北基地

圖源：佐臻提供

12.3　結論

在 COVID-19 疫情期間，大家慢慢了解如何使用數位的工具，而未來利用人工智慧結合物聯網將大大強化效率，讓我們的生活環境更加便利，更能有效地強化 ESG 已經是必然的作法，就如日本「社會 5.0」的規劃。而生成式人工智慧在 2022 年開始進入我們的生活，在 2023 年大放異彩，讓我們知道人工智慧助手對我們的協助和影響，接下來這類發展只會更加蓬勃。

雙軸轉型、社會 5.0 及台灣 2050 淨零排放路徑及策略介紹

—— 裴有恆

A.1 雙軸轉型

歐盟所提出的「雙軸轉型」（Twin Transition）是指同步推動「數位轉型」和「綠色轉型」這兩大策略：數位轉型著眼於運用新興科技如人工智慧、大數據、雲端等，提升企業營運效率與競爭力。綠色轉型則是為實現低碳排放、環境永續發展等 ESG（環境、社會、公司治理）目標。[1]

歐盟針對雙軸轉型提出了報告《綠色與數位化雙重轉型：永續數位技術如何在 2050 年實現碳中和歐盟》，提到以 2050 年的一些場景作為展望，描繪了綠色和數位科技如何融入未來的日常生活，提到以下注意事項：

1. 理想情況下，綠色和數位轉型可以相互強化。例如區塊鏈技術有助實現循環經濟，而數位虛擬模型可以優化交通流量減少排放。但有時兩者也可能產生衝突，如數位設備消耗電力且製造電子垃圾。

---

[1] 資料來源：World Economic Forum 網頁
https://www.weforum.org/agenda/2022/10/twin-transition-playbook-3-phases-to-accelerate-sustainable-digitization/

2. 為充分發揮雙重轉型的潛力，需要採取積極的整合式管理。需要一系列社會、技術、環境、經濟和政治層面的要求條件。其中包括增加社會對轉型需求的承諾、確保公平和包容性、保護隱私、建設基礎設施、提高環境標準、培養勞動力等。[2]

A.2 社會 5.0

「社會 5.0」是日本政府於 2016 年提出的國家戰略，旨在透過科技創新，打造一個以人為本、超智慧的社會。日本政府將人類迄今為止經歷的 4 個社會階段比作社會的 1.0 至 4.0 這 4 個版本，分別對應狩獵社會、農耕社會、工業社會和資訊社會，而「社會 5.0」是接下來的一個新的社會階段。

「社會 5.0」的實現主要依託於物聯網、人工智慧、大數據等科技來實現經濟發展與解決社會問題。在「社會 5.0」中，大量來自實體世界的資訊將匯集到網路世界，透過人工智慧分析後，最佳化的結果將反饋應用到實體世界，為產業和社會創造前所未有的新價值。這種高度融合有助於消除區域、年齡、性別、語言等差距，為不同個體提供量身定製的產品和服務。

「社會 5.0」是一個以人為本的社會，旨在通過創新實現經濟發展和解決重大社會問題，如溫室氣體減排、糧食生產、應對老齡化等，最終讓每個人都能獲得高品質的生活。

「社會 5.0」的核心是實現虛擬世界和現實世界的高度融合，打破兩個領域的界限。在過去的資訊社會（社會 4.0）中，人們透過網路存取雲端服務獲取資訊，但分析工作仍須由人力完成。而在「社會 5.0」裡，大量傳感器收集的實體數據會上傳至網路空間，由人工智慧系統進行分析，並將最佳化的分析結果反饋到現實世界中。

---

[2] 資料來源：歐盟官方網站
https://joint-research-centre.ec.europa.eu/jrc-news-and-updates/twin-green-digital-transition-how-sustainable-digital-technologies-could-enable-carbon-neutral-eu-2022-06-29_en

這種虛實融合的過程，能夠讓人類從繁瑣的日常工作中解脫出來，把無法勝任或效率低下的事務交由 AI 和機器人代勞，人類可以專注於更有價值的工作。同時，透過大數據分析所創造的新價值，有助於為每個個體量身打造所需的產品和服務，優化整個社會體系的運作。

比如在製造業，可利用 AI 分析物聯網收集的大數據優化生產流程，實現智能自動化，提高效率且降低浪費。在交通運輸領域，AI 和物聯網能優化交通路線，減少擁堵和排放。在醫療領域，AI 可幫助醫生檢測和診斷疾病，提高準確度。在災難防範上，大數據和 AI 模型有助於防災預警。人工智慧將在需要時提供必要的資訊，機器人、自動駕駛汽車等技術將有助於克服少子化、老齡化、農村人口減少，以及貧富差距等問題。

總之，物聯網、AI、大數據等新興技術將徹底改變社會的運作模式，讓我們能夠比以往更有智慧地利用有限資源，解決各種複雜問題，創造出全新的生活方式和發展機會。

而在推進「社會 5.0」的同時，也需要注意相關法律法規、倫理原則、數據隱私權和網路安全等風險的防範，確保新技術發展的人本化和可控性。這需要整個社會的共同參與和監督。[3]

A.3 台灣 2050 淨零排放路徑及策略

我國於 2022 年 3 月正式發布了「臺灣 2050 淨零排放路徑及策略總說明」，根據國發會網站上的說明，這個說明提供達成 2050 年淨零排放的路徑和行動計畫，此淨零排放路徑將包括「能源轉型」、「產業轉型」、「生活轉型」和「社會轉型」四大轉型，以及「科技研發」和「氣候法制」兩大治理基礎，

---

[3] 資料來源：社會 5.0 日本內閣府網頁
https://www8.cao.go.jp/cstp/english/society5_0/index.html

並輔以「十二項關鍵戰略」，針對能源、產業和生活轉型政策預期增長的重要領域制定具體行動計畫，以實現淨零轉型的目標。

「淨零路徑規劃」並設有階段里程碑，如圖 A.1；而「十二項關鍵戰略」對應的 12 項戰略，如圖 A.2。而其中有多項須結合 AIoT 才能發揮其最大效用。

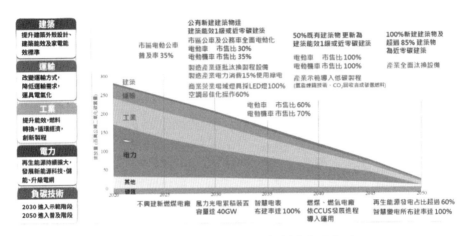

∧ 圖 A.1　2050 淨零路徑規劃階段里程碑
圖源：國家發展委員會簡報

∧ 圖 A.2　台灣 2050 淨零路徑規劃之十二項關鍵戰略
圖源：國家發展委員會簡報

新呈工業綠色數位轉型

—— 陳泳睿

B.1 緣由

2021 年 COP 26 的一個訊息，「十幾年來地球持續溫升，即將跨越 $1.5^\circ C$ 的警戒線」，從 2015 年巴黎協定全球達成共識以來，溫室效應持續惡化。我突然驚覺十幾年前我所知道的 $1.5^\circ C$ 北極熊將喪失棲息地，現在離事實不遠。新呈是一家永續發展經營的企業，應該要開始積極的綠色轉型。

上網查了資料，學習到減碳有助於減緩溫室氣體效應，減碳首要知道碳排多少，才能確認之後的措施是否真正減碳，ISO 14064-1 正是碳排的盤查標準。正要請輔導顧問之際，二代大學老師陳來助，同時也說明這一次永續發展減碳不能與過去的喊喊口號相比，之前減碳不落實，導致這十年來聖嬰現象，沒有水災發生水災、森林大火、南北極冰帽崩塌危害了很多人類，全球政府都有共識必須節能減碳緩和溫室氣體。因此來助老師成立了零碳大學，我們一群二代大學第一屆的同學一同參與成為零碳大學第零屆，從老師與口中了解到淨零碳排的路徑圖，碳盤查、碳定價、碳中和是方法學。

企業淨零排放的路徑圖

01 盤查

- 基礎碳盤查
  - ISO 14064-1
  - ISO 14067
  - GHP Protocol
- 能耗管理
  - ISO 50001

02 碳定價／碳減量

- SBTi（科學方法設定減碳目標）
- 提升能效（節能減碳）
- 使用脫碳能源（綠能、脫碳能源）
- 低碳供應鏈（循環經濟）
- 推動負碳技術（CCU、CCUS）
- 數位轉型

03 抵換

- 碳中和
- 淨零碳排
  - （碳匯、碳權、碳費、碳稅）
- 企業永續經營

| TCFD（氣候相關財務揭露） | CDP（碳揭露） | Eco cVadis | SASB（可持續發展會計準則） |

∧ **圖 B.1　企業淨零排放的路徑圖**
圖源：陳泳睿提供

減碳如減重，沒有體重數字，您用了什麼方法都無法知道是否有效。碳盤查如同體重計量測重量，統計分析之後可以了解企業那些活動碳排最大，從這先下手減碳效益大。新呈工業就從可以容易上手減碳的策略開始，T5燈換成 LED 燈，貨車改為電動貨車等，可以藉由設備更換減少大量碳排開始，接下來就是透過數位轉型提高效率，如透過 RPA 讓行政同仁效率提升、透過數位轉型讓排程更順暢、智慧電表監控能耗異常等等，碳排因而逐漸下降。

淨零碳排方法學，是從 ISO 50001 能源管理系統導入後，接下來導入 ISO 14064-1 碳盤查，ISO 50001 的導入不僅可以對能源盤查還有節能的要求，能源盤查可以說是碳盤查的前哨站，ISO 14064-1 盤查只要將其乘上碳排系統就可以得到，就新呈經驗，約有六七成在這完成 ISO 50001 就完成碳排和節能需求，之後 ISO 14064-1 盤查就可以簡短三四個月的輔導和收集資料，非常划算，第一年就可以將節能的金額轉為他用。建議企業可以先從 ISO 50001 著手，再導入 ISO 14064-1，如有客戶需求產品碳足跡，再導入 ISO 14067。新呈在能耗管理、碳盤查與碳足跡是自願性提早驗證，自行取得產品碳足跡，對於之後客戶要求可以快速應變提供碳足跡數據。

新呈於 2022 年初開始導入 ISO 50001 之時，六月突然接到前三大客戶之一來詢問是否執行淨零碳排的活動，新呈理所當然舉手說有，因此到客戶說明。之後客戶法國母公司在約為十封了解的信件後，要求新呈可以在 2030

年範疇一與範疇二減碳 50%，範疇三減碳 30%，了解碳盤查的專家一定知道範疇一、二屬於企業組織，範疇三則是供應鏈碳盤查。我心想自家公司努力一下還有機會達到目標，一家中小企業如何能夠說服供應鏈減碳，實在傷透腦筋。靈機一動不如將資源開放協助供應鏈，在取得同事們的共識之後成立綠色供應鏈，2023 年三月舉辦綠色供應鏈大會，提供相關輔導與 IT 資源，一起與供應鏈綠色數位轉型。

B.2 綠色轉型

很多人誤解綠色轉型就是淨零碳排，綠色轉型應該是被包含在 SDGs 中的第幾項？其實有第七項 SDG 7 永續能源、第十三項 SDG 13 應對氣候變遷、第十四項 SDG14 保護海洋生態系統、第十五項 SDG 15 保護陸地生態系統。第十三項才是我們所指的淨零碳排，所謂綠色就是以降低環境的負面影響，並實現經濟、社會與環境永續發展作為。

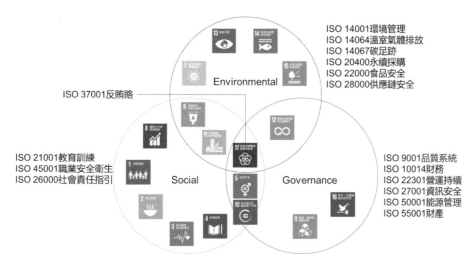

∧ 圖 B.2　永續發展目標對應 ISO 標準

圖源：陳泳睿提供

企業對於可以根據自己面對環境負面影響程度，做出適當的改變和改善，減少環境的破壞。新呈屬於電子製造的線束產業，針對電線電纜加工，如裁切、電連接器組裝、電連接器埋入射出成形、電線電纜成束、線束相關配件組裝等等。對於 SDG 7 永續能源和 SDG 13 氣候變遷有較多影響，SDG 14 海洋生態和 SDG 15 陸地生態影響甚少。因此，著重於節能減碳。

導入能源管理系統、組織碳盤查系統以及產品碳足跡等系統之後，除了更換設備外更可以利用碳定價手段、科學方法設定減碳目標（SBTi）、提升效能（減少浪費）、使用脫碳技術（綠能、脫碳能源）、低碳供應鏈（循環經濟）、推動負碳技術（碳捕捉、碳封存、碳再利用）和數位轉型監控、更精準及提效減少碳排量。全球趨勢使用相關監視系統達到推動企業不得不減碳，如氣候相關財務揭露（TCFD）、碳揭露計畫（CDP）、永續成長行動計畫（SASB）、責任投資原則（PRI）、歐盟的 CBAM、台灣金管會要求上市櫃公司 2027 年前全面碳排查和永續報告書等等的公權力迫使企業綠色轉型。

企業減碳極為困難達到為零，要如何做到碳中和、淨零碳排，就需要購買碳權、碳交易將其碳排抵換。溫室氣體惡化速度得以控制，人類可以多一點時間因應，將美好的地球留給子孫。

B.3 碳定價

企業綠色轉型可以透過「內部碳定價」，為組織的碳排訂定一個價格，企業內部從組織和活動的碳排，必需要付費來督促減碳。並藉由收取碳費型態儲存一筆碳基金作為減碳相關措施的預備金。

內部碳定價方法可以分為三種方式，影子定價（Shadow Price）、隱含定價（Implicit Price）和內部碳費（Internal Carbon Fee）。影子定價多應用在未來專案或資本投資的風險預估，往往會超過一定程度的政府當前每噸碳費作為價格；隱含定價基於公司實施減碳專案而向業務部門申請，往往是以實際專案費用為主；內部碳費則是規定組織部門碳排每噸價格，往往略高於碳現值作為單價，為綠色投資創造收入，也可以說是一種碳基金。

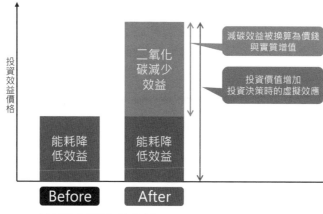

減少二氧化碳排放=降低成本
設備有低碳排量將會有較高的投資價值

∧ 圖 B.3　內部碳定價的投資效益概念
圖源：陳泳睿提供

新呈內部有訂定內部碳定價使用的就是內部碳費方式，部門碳排責任從10%、30%、50%、70%、90% 逐年遞增，並以減碳噸數作為獎金方式回饋，推動員工減碳行為與養成。淨零碳排從碳盤查、碳定價到碳抵換，碳定價不僅僅是碳價格更意味者碳排成本化，得用必要之方法和手段減碳降低環境成本的方法學。

B.4 提升效能

效能提升也可以說是減少浪費，在這裡特別是指組織活動和資源，把時間花在刀口上、做出優良品質產品、一開始就做對的事情，減少不必要的資源使用，活動的單位時間和資源成本最小化。

俗語說「工廠一旦開門就花錢」，也同樣是「工廠一旦開門就碳排」，如用電設備的發電碳排、人員活動碳排、載具運輸碳排等等，提升生產和服務的效率，在最小時間和資源成本下完成，其產品和服務碳排相對低。

硬體使用更有效率能耗確實可以大幅降低碳排，但現階段指數可指就只有 LED 燈、IE3 or IE4 壓縮機，再不然就是鍋爐，對於中小企業換了這些節能設備，後續要再更換設備有其困難。

提升效能除了更換設備之外，現今社會還採用另外大宗方法，智慧製造，經由智慧電錶、AIoT、穿戴裝置等等，都可以透過綠色數位轉型達成監控，透過分析了解活動。畢竟電腦計算能力遠遠超乎大腦的能力，相對於人腦除了計算快、避免風險、更能夠預測讓人類得以適當安排排程，進而減碳。

B.5 使用脫碳能源

所謂脫碳能源，顧名思義就是不會產生碳排的能源，如水力發電、太陽能發電、風力發電、潮汐發電等都是不會產生碳排的好發電方法。台灣多年前由政府推動下，架設了許多太陽能板自主發電，除了自用更賣回給台灣，真是一舉兩得。

除了用電設備，鍋爐也是一個重大碳排生產活動和設備，這裡所指是燃油加熱，可以將其改為天然氣或是用電方式，根據研究電力鍋爐的碳排量是燃煤鍋爐的一半居多。

現今多國政府開始明定未來某年將停售內燃車，轉為銷售電動車，是同樣道理。除此電動車的零碳排行駛也是現在受歡迎使用脫碳能源的代表活動。新呈工業也在 2023 年購買了電動貨車。

B.6 低碳供應鏈

一件產品生產出來，是由許多供應鏈串連而生，要知道一件產品有多少碳排放量，就要從產品整體供應鏈計算起。產品生命週期說明產品從無到有的供應鏈結構，此結構在碳足跡中被稱為「從搖籃到墳墓」，所謂搖籃就是產品

的最原始物料以礦產方式呈現，墳墓則指產品功能損壞或是使用者的不喜好丟棄，最終送入掩埋或是焚燒階段。產品碳足跡就是計算整個產品生命週期所有碳排放量。

產品有 80% 左右的碳排量來自於供應鏈，因此供應鏈的減碳至關重要，一家企業如果要做好對環境的減碳，除了自行減碳，供應鏈的減碳才能確保做出的產品是低碳。

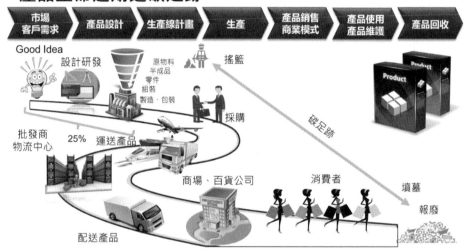

∧ 圖 B.4　產品生命週期的碳足跡

圖源：陳泳睿提供

B.7　綠色數位轉型

世界經濟論壇有分報導說明，數位轉型可以協助全球到 2050 年減碳 20%，數位科技有監測報告、大數據分析、Cloud、5G、區塊鏈、擴充實境／虛擬實境、自動化與機器人、無人機與成像技術、IoT 物聯網、人工智慧機器學習和數位分身。尤其在三大領域：能源、材料、交通中減碳最多。能源領域經由數位分身模擬煉油廠與管道疏通的流暢度、電網輸電品質、建築物耗能；材料領域可由活動感測器去監控採礦能號使用是否最有效化、標示可在

重複使用與化學的材料以及電氣數位化等函數；交通領域可利用數位轉型技術生產可讓飛機使用的永續新能源、數位分身模擬和監控交通網路，汽車可以藉由 MaaS 租用汽車減少不必要的能耗浪費。

數位轉型多種技術中，最重要是透過數據收集，轉化，建模，分析和模擬進一步找出系統可再優化的領域進行優化。電網中的傳輸品質有關於電壓降，如果可以減少電壓降，轉換為電流的能量就會損失減少，設備驅動更有效率，減少不必要的浪費；建築物中佈滿許多溫度、濕度、壓力、空氣品質、亮度等感測器，數據收集之後分析哪一時段、哪一地點人的多寡，得知了解光線、濕度、空氣品質就可以控制燈光、冷卻水塔或空氣濾清器讓多人時候有好的空氣和體感，在少人時候可以關閉相關設備，減少不必要的浪費。

- 數位技術可以在最高排放量的能源、材料和交通行業減少20%的排放量

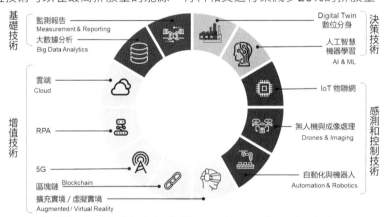

The digital technologies that could drive decarbonisation in the energy, materials and mobility sectors. Image: Accenture
https://www.weforum.org/agenda/2022/05/how-digital-solutions-can-reduce-global-emissions/

∧ 圖 B.5　數位技術的減碳效果
圖源：陳泳睿提供

新呈在數位轉型上使用了 AIoT 技術、智慧電表、MES、RPA、AI、OCR 等技術，減少生產過程的浪費，提升產品品質良率，產品生產的碳足跡，讓新呈可以在出貨即刻附上一張說明產品碳排放量。這也是新呈工業有導入 ISO 14064-1、ISO 14067 得以展現的成果之一。為了節能減碳，新呈不惜導入 ISO 50001 和智慧電表，透過自建雲端上的系統，可以針對前一年碳排量統計分析，根據數據找出碳排因子，進一步改善而節能減碳。

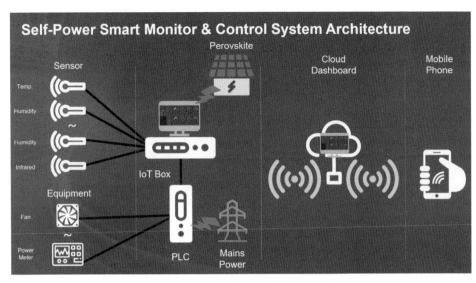

∧ **圖 B.6** 新呈工業內部自我能源智慧監督與控制系統架構

圖源：陳泳睿提供

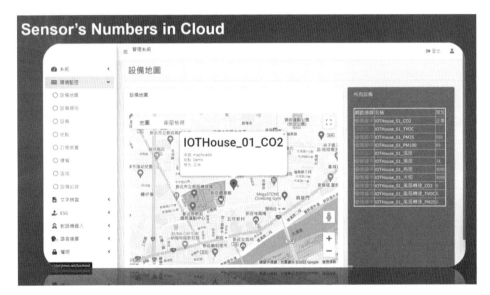

∧ **圖 B.7** 新呈工業內部設備地圖

圖源：陳泳睿提供

更換 LED 燈、電動車等硬體設備減碳，是最容易的方式，新呈也換了 480 盞 LED 燈和一台電動貨車，減碳成果約為 7～8% 左右。

根據碳盤查分析，新呈最多的碳排來自於供應商的原材料塑膠部分，第二是運輸，第三才是設備相關。新呈綠色供應鏈將協助供應商節能減碳，共好和共創綠色趨勢市場而成立，提供輔導資源和數位轉型資源。

數位轉型著重於軟體優化作業、減少浪費、精準分析、網路行銷等。優化作業讓員工無須加班、讓工作減少進而減少辦公室相關電源的耗用；AIoT 的數據收集精準分析，預防不良品發生，提升良品率，產線不因重工、停工、額外作業而導致多餘碳排；網路行銷可以減少海外展覽旅程相關碳排……等等，以上例子只是眾多之一。

新呈透過 RPA 方式優化員工行政作業，如影印機掃描供應商貨單透過 RPA 對帳採購單、LINE 結合 RPA 對 ERP 系統操作產生工令單、RPA 協助業助將客戶採購單輸入到 ERP 系統的訂單表單、RPA 協助物料調撥等等，最終位公司每個月省下 3.6 人力，一年可以省下 946.7 公斤的碳排，ROI 1.33。

RPA（Robotics Process Automation）機器人流程自動化

你可以用RPA來優化日常工作！

您是否曾經…

- 同事剛好請假，只有他能夠處理的流程？
- 訂單傳真，email太多，業助輸入來不及，造成延誤？
- 看錯物料號碼，下錯採購單？
- 散落各地材料檔，要整合單一檔給客戶，要等很久？
  客戶要查一項產品或交期，在不同系統中搜尋，花很多時間？
  …

︿ 圖 B.8　機器人流程自動化
圖源：陳泳睿提供

項目	專案	RPA工作內容說明	執行頻次（平均）	單位	原本人員執行時間（分鐘）	人工時間（分鐘）	交給RPA的時間（分鐘）	每日節省人工時間（分鐘）
1	供應單比對入庫	掃描供應單 OCR後 比對 ERP，正確後入庫	6	次數/天	30	180	1	3759
2	調撥單	APP掃描料件後到ERP key調撥單	38	次數/天	10	380	0.1	7977.9
3	訂單轉工單	ERP產生工單	15	次數/天	20	300	0.1	6297.9
4	工單領料	工單完成後領料到成倉	56	次數/天	10	560	0.1	11757.9
5	工單交期辨識	辨識工單的日期 Key到 Excel	50	次數/天	2	100	0.5	2089.5
6	調價	物料單價、銅價	40	次數/天	3	120	0.1	2517.9
7	訂單	客戶採購單Key到ERP為訂單	5	次數/天	20	100	0.1	2097.9
8	油單掃描	自動將加油公升數輸入到EnMS	15	次數/月	2	30	0.1	29.9
9	同仁請假	同仁透過Line請假，節省人資輸入	67	次數/月	10	670	0.1	669.9
						每個月可省時間小計(分鐘)		37197.8
						每個月省下時數		619.96
				每個月省下人力（8小時*21天=168小時）				3.69
				每個月節省成本（每小時基本薪資NT$168）				$104,154
		總共省下多少碳排量（辦公室一小時耗電0.25度電/ 0.509 CO2e/度）							78.9 公斤
						一年總共省下多少碳排量		946.7公斤

∧ 圖 B.9 機器人流程自動化在新呈工業的效果

圖源：陳泳睿提供

減碳並不是數位轉型唯一優勢，企業整頓內部流程，提升競爭力，吸引人才，容易複製流程，降低人力需求，都是企業永續發展之必要，有了數位化方可進一步統計分析、預測，最後達到自適應（數位系統會根據環境需求因應，不需要人為協助），才是數位轉型之重。

B.8 綠色供應鏈

2022 年中，新呈正被輔導能源管理之時，來自大客戶之一詢問是否有節能減碳計畫，新呈當然即刻回覆說有，幾天內幾封信件的來往，最後被客戶法國母公司通知 2030 年必須減碳，前面所說供應鏈原物料碳排是新呈 60% 的碳來源，加上 30% 範疇三減碳，讓我發起了綠色供應鏈聯盟，提供新呈資源與協助供應商減碳的活動在 2023 年 3 月 10 日綠色供應鏈大會正式開始。

綠色供應鏈受到公司內部同仁的贊同，紛紛願意學習並輔導供應商，因此我們選出五位同仁取得主要稽核員資格，為每年精選的五家供應商實地免費輔導碳盤查或能源管理，其他供應商可以參加新呈所開辦的免費碳盤查和能源管理課程學習如何自己盤查，如果有遇到相關問題都可以詢問新呈相關同仁，推動供應商節能減碳的第一步碳盤查。

新呈有別於中小企業的 IT 能量，自行開發 MES、Cloud CAD、RPA、AI OCR、AI、EMS、對話機器人、雲端碳盤查系統何能源管理系統等能力，特別提供雲端 ISO 14064-1 碳盤查和 ISO 50001 能源管理系統平台給予加入綠色供應鏈廠商免費使用，供應商三年，非供應商一年。為了讓供應商更無慮，也協助供應商申請政府補助，置換硬體導入智慧製造系統，可以更順利推動節能減碳，讓綠色供應鏈擁有綠色能量。

綠色供應鏈首要階段製程改善，將透過輔導資源和數位轉型以及綠色精實管理增加綠色能量；第二階段將提出循環經濟，試圖將進入墳墓的線束重生，只要透過電線上的 QR Code 就可以在新呈的雲端查詢到此電線可以如何再被使用；第三階段彙集綠色供應鏈廠商綠色產品料件，將其放入綠色設計雲端平台，一旦客戶使用平台 CAD 工具設計線束，立即可以計算出碳排量，進而考慮是否修改設計達到低碳化。

注重綠色環保的客戶將會選擇低碳物料的廠商，在相較相對高碳的廠商則被棄之，因此綠色供應鏈擁有相對其他供應鏈更多訂單，綠色供應鏈將在綠色良性循環下多贏。

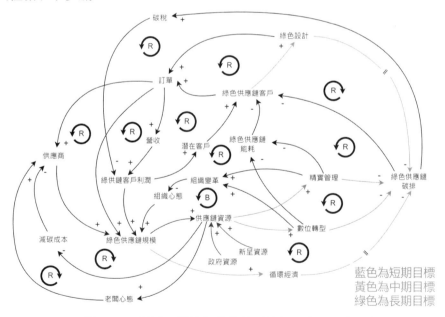

∧ **圖 B.10** 新呈工業綠色數位轉型的短、中、長期目標

圖源：陳泳睿提供

CBAM 概述

—— 劉忠岳

C.1 歐盟碳邊境調整機制的重要性

在全球對抗氣候變遷的努力中,歐盟碳邊境調整機制(CBAM)是一項創新且具有里程碑意義的政策。其核心思想是透過對進口商品的碳排放進行調節,進而促進全球範圍內的環保和永續發展。CBAM 不僅影響著全球貿易結構,更成為國際間合作減碳的重要橋樑。

CBAM 的設立背景源於歐盟的氣候目標。歐盟致力於到 2050 年達到淨零碳排放,而實現這一目標的途徑之一,就是碳排放交易系統(EU ETS)。然而,只管制歐盟內的碳排放並不足以應對全球性的氣候變遷挑戰,這就像是在一個房間裡只清潔一半地板一樣,最終整個環境仍會受影響。CBAM 正是為了填補這個空缺,對那些碳排放標準較低的非歐盟國家進口的商品加以調整,來鼓勵全球共同參與減碳。

此舉的目的並非單純的貿易保護,而是為了避免「碳洩漏」現象,即避免由於碳價格差異,導致生產活動轉移到碳排放標準較寬鬆的國家,進而對全球

環境造成更大的傷害。CBAM 透過確保進口商品的碳成本與歐盟生產的商品持平，確保公平競爭，進而推動全球綠色轉型。

從根本上來看，CBAM 象徵著一個轉變：從對碳排放的地域性管控，走向全球性的減排合作。它提醒我們，氣候變遷是一個全球性的議題，需要跨越國界的合作和解決方案。透過這一政策，歐盟不僅在推進自身的綠色轉型，同時也在促使全球經濟體在貿易中考慮環保因素，共同對抗氣候變遷的挑戰。

C.2 CBAM 的基礎概念

歐盟碳邊境調整機制（CBAM）的運作原理可以比喻為一座橋梁，連接著歐盟內部的碳排放交易系統（EU ETS）與全球市場。這座橋梁的核心是一個精心設計的碳定價機制，旨在平衡全球貿易中的碳排放差異。

首先，CBAM 需要進口商為其進口到歐盟的產品計算碳排放量。這意味著，如果一家公司想要將其產品出口到歐盟，就必須首先評估該產品的生產過程中所產生的碳排放量。這包括了直接排放，如工廠的排放，以及間接排放，例如使用的電力或熱能的排放。

接下來，進口商需要購買相應數量的 CBAM 憑證，以覆蓋其產品的碳排放。CBAM 憑證的價格將會參照歐盟內部的碳價格，即 EU ETS 的碳價。這個機制確保了進口商品在碳成本上與歐盟內部生產的商品持平，進而避免了碳洩漏現象。

CBAM 涵蓋的產業範圍相當廣泛，涉及多個高碳排放的重要行業。例如，鋼鐵和水泥業是 CBAM 的主要目標行業。這兩個行業被選中，是因為它們不僅碳排放量巨大，而且是全球貿易中的重要商品。除此之外，CBAM 亦覆蓋了鋁、肥料、電力等產品。這些行業和產品的共同點是：高碳排放且在全球貿易中具有重要地位。

總的來說，CBAM 的設立是為了推動全球範圍內的減排努力，透過對進口商品實施碳定價，激勵非歐盟國家的生產者和出口商採取措施減少其產品的碳足跡。透過這一機制，歐盟希望引領全球向更環保、更永續的方向發展，同時確保其內部市場的競爭公平性。

C.3 CBAM 的實施階段與時程

歐盟碳邊境調整機制（CBAM）的實施是一個分階段的過程，就像爬梯子一樣，每一步都是為了更好地適應和整合這一新制度。

首先是過渡期，始於 2023 年 10 月，一直持續到 2025 年底。在這段時間裡，歐盟並不要求進口商支付 CBAM 憑證的費用。這一階段的目的主要是為了讓全球市場適應新的制度，特別是給予進口商充足的時間來準備和調整他們的供應鏈和報告系統。在這一階段，進口商需要向歐盟提交有關其產品碳排放量的報告，這包括了產品的直接和間接排放數據。

過渡期之後，即從 2026 年開始，我們進入了 CBAM 的正式實施期。在這個階段，進口商將被要求購買和提交與其產品相關的碳排放量相等數量的 CBAM 憑證，以便於進入歐盟市場。這意味著，從 2026 年起，歐盟將開始對來自非 EU ETS 國家的進口商品徵收碳排放相關費用。

值得注意的是，這一制度的引入將對全球供應鏈造成顯著影響。進口商和生產者需要更加關注他們的碳足跡，並尋找降低碳排放的方法。同時，這也意味著對那些已經在減碳途徑上走得較遠的公司來說，是一個競爭優勢。

總而言之，CBAM 的實施階段設計旨在平衡環保目標和市場適應性。透過逐步實施這一機制，歐盟期望能夠推動全球性的碳減排，同時減少對全球貿易的潛在影響。在這一過程中，進口商的適應和創新將起到關鍵作用。

C.4 對非歐盟國家的影響

歐盟碳邊境調整機制（CBAM）的推行，對非歐盟國家產生了重大影響，尤其對於其主要貿易夥伴如台灣來說，挑戰與機遇並存。台灣作為一個重要的製造和出口中心，其出口產品將直接受到 CBAM 的影響。

首先，CBAM 的實施意味著進口到歐盟的商品需要承擔額外的碳成本。這對於那些依賴出口至歐盟市場的非歐盟國家，特別是其高碳排放行業如鋼鐵、水泥製造業來說，將面臨更大的成本壓力。台灣的企業必須重視其產品的碳足跡，並尋求減少排放的方法以避免高額的 CBAM 費用。

此外，CBAM 也帶來了透明度的要求。台灣的企業需要更準確地計算並報告其產品的碳排放量，這不僅涉及直接排放，還包括間接排放如所使用電力的碳足跡。這將促使企業加強對供應鏈的管理，並推動採用更加環保的生產技術和能源。

面對這些挑戰，台灣的企業和政府可以採取多種策略來應對。首先是提高能源效率，尋求替代更低碳的能源來源，以及採用先進的環保技術。例如，透過投資太陽能和風能等可再生能源，不僅可以減少對化石燃料的依賴，也有助於減少碳排放。

其次，加強研發低碳技術和產品，將有助於台灣企業在全球市場上保持競爭力。透過創新，不僅可以減少碳足跡，還可以開發出新的市場機會。

最後，政府層面的支持也是關鍵。台灣政府可以提供政策指引和財政支持，協助企業轉型升級，應對國際碳管制的趨勢。此外，積極參與國際氣候變遷對話，與歐盟等夥伴進行合作和經驗分享，也是必不可少的部分。

總結來說，CBAM 為台灣帶來了一系列挑戰，但同時也促使台灣企業和政府更積極地參與到全球的減碳努力中。透過戰略性的應對措施，台灣不僅可以減輕 CBAM 的負面影響，還可以抓住機遇，推動經濟和環境的永續發展。

C.5 案例分析

在歐盟碳邊境調整機制（CBAM）實施的大環境下，各國和企業採取了不同的應對策略。以下是幾個具體的案例分析，展示了這些策略的多樣性和創新性。

瑞典的綠色鋼鐵計劃

瑞典的鋼鐵製造商 SSAB 與能源公司 Vattenfall 和礦業公司 LKAB 合作，推出了一項名為「HYBRIT」的計劃。這一計劃旨在開發無化石燃料的鋼鐵生產技術，使用氫氣替代煤炭來減少碳排放。此舉不僅有助於減少瑞典的碳足跡，也使 SSAB 在面對 CBAM 要求時處於有利地位。

台灣的能源轉型

台灣的企業，如中鋼公司，面對 CBAM 的挑戰，正在積極進行能源轉型。中鋼投資於可再生能源，例如太陽能和風能，並尋求提高能源效率的方法，如使用更高效的高爐技術和回收系統。此外，中鋼也著手開發低碳產品，以滿足國際市場對環保材料的需求。

德國汽車製造商的低碳供應鏈

德國的汽車製造商，如 BMW，積極與供應商合作，以減少其產品的碳足跡。BMW 不僅自身投資於電動車和高效率技術，還要求其供應商採用永續和低碳的生產方法。這包括使用綠色能源，以及採用高效的物流和運輸方式，以減少整個供應鏈的碳排放。

這些案例顯示，面對 CBAM 的挑戰，不同國家和企業透過創新技術、能源轉型、供應鏈管理等多種方式積極應對。這不僅有助於減少碳排放，也為企業帶來了新的商業機會和競爭優勢。透過這些努力，它們不僅滿足了 CBAM 的要求，更推動了全球範圍內的環保與永續發展。

C.6 結論與未來展望

隨著歐盟碳邊境調整機制（CBAM）的推出，我們站在了全球氣候政策的一個新起點。CBAM 不僅僅是一項對抗氣候變遷的工具，它更象徵著國際社會對於碳排放的新態度和新承諾。這項機制的潛在影響遠超出其直接經濟效應，它將推動全球市場朝向更加綠色、永續的方向發展。

首先，CBAM 強化了全球減碳努力的合作性質。透過這一機制，歐盟將其氣候政策的影響範圍擴展到了全球市場，促使其他國家和地區對於自身的碳排放策略進行反思和調整。這不僅提高了全球減碳的效率，也加強了國際間在氣候變遷問題上的共識和合作。

其次，CBAM 的實施可能會加速全球範圍內碳定價機制的採用。隨著企業和國家為應對 CBAM 的要求而調整其生產和出口策略，全球碳市場的發展將獲得新的動力。這可能會促使更多國家考慮引入類似的碳定價機制，進而形成一個更加統一和高效的全球碳市場。

未來，我們可能會看到 CBAM 在許多方面進行調整和完善，以更好地適應全球市場的變化和挑戰。這可能包括對機制範圍的擴展，將更多的產品和行業納入其中，或是對現有規則進行細節上的調整，以提高其公平性和有效性。

最終，CBAM 可能會成為促進全球範圍內環境友好型產品和技術發展的重要動力。隨著企業和國家努力降低其產品的碳足跡，我們將看到更多創新和綠色技術的出現，進而加速全球向淨零排放目標的轉型。

總之，CBAM 的推出不僅是歐盟對抗氣候變遷努力的一部分，更是全球範圍內減碳行動的一個重要里程碑。它的成功實施將會對全球氣候政策產生深遠的影響，引領我們邁向一個更清潔、更綠色的未來。

︿ 關於智匯永續

法規與本書參考資料

D.1 氣候變遷因應法

- 氣候變遷因應法
  https://law.moj.gov.tw/LawClass/LawAll.aspx?pcode=O0020098

- 氣候變遷因應法施行細則
  https://law.moj.gov.tw/LawClass/LawAll.aspx?pcode=O0020103

D.2 空氣汙染相關法規

- 空氣汙染防制法條目
  https://law.moj.gov.tw/LawClass/LawAll.aspx?pcode=O0020001

- 空氣汙染防制法施行細則條目
  https://law.moj.gov.tw/LawClass/LawAll.aspx?pcode=O0020002

D.3 水汙染相關法規與標準

- 水汙染防治法條目
  https://law.moj.gov.tw/LawClass/LawAll.aspx?pcode=O0040001

- 水汙染防治法施行細則條目
  https://law.moj.gov.tw/LawClass/LawAll.aspx?pcode=O0040002

- 飲用水管理條例
  https://law.moj.gov.tw/LawClass/LawAll.aspx?pcode=O0040010

- 飲用水管理條例施行細則
  https://law.moj.gov.tw/LawClass/LawAll.aspx?pcode=O0040016

D.4 參考文件

- Who Care Wins 檔案下載處
  https://documents1.worldbank.org/curated/en/444801491483640
  669/pdf/113850-BRI-IFC-Breif-whocares-PUBLIC.pdf

- The economic potential of generative AI:
  The next productivity frontier 下載處
  https://www.mckinsey.com/capabilities/mckinsey-digital/our-
  insights/the-economic-potential-of-generative-AI-the-next-
  productivity-frontier#introduction

- 世界經濟論壇的 AI 治理簡報
  https://www.weforum.org/publications/ai-governance-alliance-
  briefing-paper-series/

- 歐盟 AI 法案
  https://digital-strategy.ec.europa.eu/en/policies/regulatory-
  framework-ai

- AI RMF 的 Playbook 下載處
  https://airc.nist.gov/AI_RMF_Knowledge_Base/Playbook

- 完整 GRI 準則中文版資料下載
  https://www.globalreporting.org/how-to-use-the-gri-standards/
  gri-standards-traditional-chinese-translations/

- 公司治理中心網站
  https://cgc.twse.com.tw/

- 台積公司 109 年度氣候相關財務揭露報告
  https://esg.tsmc.com/download/file/TSMC_TCFD_Report_C.pdf

- 台積電 109 年度永續報告書
  https://esg.tsmc.com/download/file/2020-csr-report/chinese/pdf/
  c-all.pdf

- （金管會）永續金融網
  https://esg.fsc.gov.tw/

- 金融業減碳目標設定與策略規劃指引
  https://esg.fsc.gov.tw/SinglePage/Agency/

- SASB Standards
  https://sasb.ifrs.org/blog/future-of-the-sasb-standards-what-you-
  need-to-know-for-2023-reporting/

- IFRS 永續揭露準則草案正體中文版
  https://www.ardf.org.tw/sustainable.html

D.5 參考書籍

1. 《AIoT 人工智慧在物聯網的應用與商機》裴有恆、陳玟錡著 碁峰資訊股份有限公司

2. 《從穿戴運動健康到元宇宙，個人化的 AIoT 數位轉型》裴有恆著 碁峰資訊股份有限公司

3. 《AIoT 數位轉型在中小製造企業的實踐》裴有恆、陳泳睿著 博碩文化股份有限公司

ESG 綠色數位轉型—AIoT 永續與雙軸轉型應用

作　　者：裴有恆 / 李奇翰 / 林玲如
企劃編輯：江佳慧
文字編輯：江雅鈴
設計裝幀：張寶莉
發 行 人：廖文良

發 行 所：碁峰資訊股份有限公司
地　　址：台北市南港區三重路 66 號 7 樓之 6
電　　話：(02)2788-2408
傳　　真：(02)8192-4433
網　　站：www.gotop.com.tw
書　　號：ACN038200
版　　次：2024 年 09 月初版
建議售價：NT$450

國家圖書館出版品預行編目資料

ESG 綠色數位轉型：AIoT 永續與雙軸轉型應用 / 裴有恆, 李奇
　翰, 林玲如著. -- 初版. -- 臺北市：碁峰資訊, 2024.09
　　面；　公分
　　ISBN 978-626-324-868-7(平裝)
　　1.CST：人工智慧　2.CST：物聯網　3.CST：綠色經濟
　　4.CST：數位科技
448.7　　　　　　　　　　　　　　　　　　113010441